智元微库
OPEN MIND

成 长 也 是 一 种 美 好

没什么大不了

做不被情绪支配的自己

陈雪莉 著

人民邮电出版社

北京

图书在版编目（CIP）数据

没什么大不了：做不被情绪支配的自己 / 陈雪莉著.
-- 北京：人民邮电出版社，2022.6
ISBN 978-7-115-58830-2

Ⅰ．①没… Ⅱ．①陈… Ⅲ．①情绪－自我控制－通俗
读物 Ⅳ．①B842.6-49

中国版本图书馆CIP数据核字(2022)第040546号

◆ 著 陈雪莉
责任编辑 张渝涓
责任印制 周昇亮

◆ 人民邮电出版社出版发行   北京市丰台区成寿寺路 11 号
邮编 100164   电子邮件 315@ptpress.com.cn
网址 https://www.ptpress.com.cn
河北京平诚乾印刷有限公司印刷

◆ 开本：880×1230 1/32
印张：9.625   2022 年 6 月第 1 版
字数：240 千字   2022 年 6 月河北第 1 次印刷

定 价：59.80 元

读者服务热线：（010）81055522 印装质量热线：（010）81055316
反盗版热线：（010）81055315
广告经营许可证：京东市监广登字 20170147 号

献给我的两个女儿，是你们让我获得了圆满的人生

有时我在想，人们为什么总喜欢追忆自己年少时的生活。后来我发现，当小孩的好处之一就在于我们无须对自己的情绪负全部责任，哭喊、发飙也不会有人真的在意。但成年人的社会不是这样运转的，如何与自己的情绪相处是每个成年人都需要接触的课题。依我看来，这本书的另一个名字应该叫作《如何当一个成年人》。

河森堡
科普作家，著有《进击的智人》

我认为一个人对自我的认知程度受他对自身情绪认知程度的影响。情绪是我们心理活动的一部分，也是我们生命活力的体现。不同的情绪就好像不同品种的花，我们只有了解每类情绪之花的习性并悉心照料它们，内心世界才会变得更加繁华。本书每一个话题都与当下的社会热点有关，你一定能在这本书里找到自己的影子。愿你读懂自己的情绪，了解情绪对你而言究竟意味着什么，摆脱情绪困扰，做情绪的主人。

张沛超
中国心理学会临床注册系统督导师，著有《我的内在无穷大》

如今，每个人的生活都是繁忙而复杂的，抑郁、焦虑、高敏感等情绪人人都有，不是只有你一个人无助、崩溃、经常大哭。应该允许自己拥有情绪，无论它们是好是坏。当你有以上情绪时，请不要自我否定，你需要先了解情绪、接受情绪、适度地调节情绪，才能与情绪和平共处。本书语言生动、案例鲜活，对不同类型的情绪都进行了解读。读罢，希望你可以找回快乐的自己，也愿你在未来的日子里朝气蓬勃、自由快乐！

安定郝姥爷
精神病学科普作家，著有《你也是蘑菇吗》《狂想游乐园》

我们每天都在和情绪打交道，但是大多数时候我们对待它的方式都不那么坦然。我们要么贪婪地希望快乐来得多一些，要么迫切地想要摆脱痛苦、将它拒之门外。可我们越是急于操控自己的情绪，情绪就越不受控制，将内心弄得更加混乱、动荡。其实负面情绪没什么大不了，当我们学会坦然地面对所有的情绪，或许发现自己正变得更加自在、自由。

曾旻

心理咨询师，心理学作家，著有《情绪的重建》

这本书用丰富的案例和风趣幽默的语言介绍了许多心理学知识，旨在教会我们进行情绪管理，从而成为情绪更加稳定的人。

meiya

资深心理咨询师，畅销书作家，著有《他爱的是玫瑰，而你是蔷薇》

情绪是创造力的密码、身体的水平仪。所有情绪都是有用且有必要的，没有所谓的"坏情绪"，一个人只有隐藏、压抑情绪才可能焦虑和抑郁。本书介绍了一些工作和生活中常见的情境，帮助你深入浅出地理解有关情绪的方方面面；本书还提供了一些简单又实用的方法，让人耳目一新。这是一本可以帮助你了解自己的书，你值得拥有。

马晓韵

心理学博士，心理学作家

这是一本神奇的、可操作性极强的"困境调控手册"。本书撇去了繁复、空洞的理论，讨论的内容从理性情绪疗法到人生意义PERMA卡，带领每一位读者辨析自己的想法、做情绪的主人，从而保持乐观的态度、积极面对人生。

王春天

神经现实联合创始人

本书深入浅出地阐述了与情绪调节相关的主流心理学原理和操作方法，内容兼具生动性、专业性和实用性。愿此书能成为一剂疗愈心灵的良方，帮助你缓解焦虑情绪。

徐 慰

北京师范大学心理学副教授、博士生导师

给不小心就会情绪失控的你

当小李转身正要走出赵总的办公室时，他无意间瞥了一眼门口的垃圾桶，觉得里面的东西非常眼熟，定睛一看，原来是他跑了无数趟图书馆，熬了三个通宵才写出来的企划书。那一瞬间，他感觉自己的心脏仿佛被什么东西紧紧地攥住了，委屈和愤怒涌上心头，泪水在眼眶里打转。他真想马上辞职，但转念一想，家里还有父母和孩子需要照顾，他哪里有任性的资格。最后，他深吸了一口气，哽咽着说："赵总，我出去接着干活了。"

小孩子都想长成大人，可长成大人与长大成人有着本质性区别。长大后你会发现，长大其实是一件非常"无聊"的事情，顺心的事屈指可数，糟心的事却层出不穷。幸福感始终对自己退避三舍，而焦虑感却如影随形。

你看到发小当了主治医师，妙手回春，工作能力很强；看到朋友创业成功，手下有好几十名员工，领导能力很强；再低头看看自己，普普通通、默默无闻，似乎只有消化能力很强。每一朵花都有自己的生命周期，我们完全没有必要因为看到别人绽放就焦虑到放弃了属于自己的季节。

你也想过努力生活，却被"拼了命付出也没有收获"的沮丧摧毁了"我能行"的坚定；你也想过成为人生赢家，却被朋友说："你不光长得美，你还想得美。"；你也想过突破自我、战胜过往，可每当被命运"暴揍"的时候，你又在心中疯狂呐喊："大哥，不如我们各退一步，你别出手，我继续躺平！"你也想过成为人群中闪闪发光的存在，却再也不想经历那些"杀不死你的会让你更强大的事"了。

向前，犹豫不决；后退，穷途末路；留在原地，又心有不甘。

　　小时候的你或许从来没想过，对成年人而言，放声大哭也是一种奢望；你从来没想过，成年人没有资格轻易地情绪失控，因为他们不能失去工作，不能被情绪影响到生活，也不舍得让家里人担心。他们只能在辗转反侧的时候，望着卧室的天花板，趁枕边人不备偷偷抹去眼泪，然后对自己说："早点睡吧，明天又是新的一天。"

　　你会发现，掌控情绪靠的从来都不是忍耐，而是一次次的崩溃与成长。你要知道，只有那些让你痛苦不堪的时刻，那些让你走投无路的事情，那些让你觉得迈不过去的坎儿，才是让你获得蜕变的真正动力。

　　无论如何，堵车的道路不会因为你身体不适就变得畅通无阻，没有烦恼的小孩不会因为你心事重重就停止打闹，甲方不会因为你杯子里的枸杞越放越多就放弃提出严苛的修改要求……

　　风雨过后迎来的不一定是彩虹，还有可能是下一轮凛冽的寒风，但机遇与挑战并存，困难与希望同在，我们勇敢地迎难而上，终将冲破黑暗，走向光明。

"事情往往就是这样，生命变得越来越灰暗，直到我们以为所有光都离我们而去。然而光还在，一直都在。只要我们把门打开一条缝，光就会涌进来。"[1]

每个人的生活都不容易，我们在面对不如意时也难免会产生一些小情绪。心理上的伤害就如同身体上的伤害一样常见，但很多人都不知道正确的处理方法。对所有正在经历苦苦挣扎的人来说，本书提供了很多种简单便捷、行之有效的应对方法，帮助你加速伤口的愈合。本书写作的目的就是让你认识到情绪本身没有对错，每一种情绪都是真实的，学会去理解它、安慰它、抚慰它，你便依然可以闪闪发光。

读完这本书，你将彻底认清负面情绪的陷阱，挣脱负面情绪的枷锁，不再被潜意识里的思维定式所束缚，实现情绪控制能力的跨越式提升，轻松掌控情绪。

愿你在阳光下像个孩子，风雨里像个大人。

---

[1] 摘自著名作家本·方登（Ben Foutain）的《漫长的中场休息》。

目录

目录

目录

目录

目录

第一章　别让坏情绪阻挡你获得幸福

ONE

无处不在的情绪和想法

宸旭[①]是一个技术宅，他痴迷于解决令普通人头疼的各类复杂的技术问题。最近他对卫星定位系统产生了浓厚的兴趣，按说凭他的智商，即使算不上天才，也不至于自卑，可他在很长一段时间里都觉得自己不如双胞胎哥哥宸宁优秀。

宸旭的哥哥宸宁是一家知名律师事务所的合伙人，年薪高达七位数。宸宁的人缘非常好，从读书时起就有很多朋友，他和学校里最漂亮的姑娘约会，在篮球队担任队长，还在辩论队担任主辩手……后来，他从国外一所知名院校毕业回国。现在，宸宁有

---

① 本书中所有案例涉及的人名均为化名，如有雷同，纯属巧合。

一个温柔的妻子和两个可爱的孩子，每天和各行业的顶尖人才打交道。总而言之，宸宁的生活是宸旭渴望拥有却羡慕不来的。

宸旭的自卑是从什么时候开始的呢？他觉得大概是在中学时期。宸旭虽然很聪明，可他的学习成绩并不好，因为他觉得课堂上的知识很乏味，他将自己的精力放在了更有趣的课外活动上，开始研究计算机、机器人编程等。但学校里的老师对此并不知晓，反而总是拿宸旭和宸宁作比较，然后对着宸旭的学习成绩唉声叹气。慢慢地，宸旭也对自己产生了怀疑。

宸旭开始思考究竟是什么导致了自己人生的失败，也许是因为自己天生不够聪明，又或许是因为自己人缘不好、不够合群。这些想法让他很沮丧，因为他很喜欢和人打交道，也比较依赖朋友。

带着这些想法，长大后步入社会的宸旭发现自己确实有很多不被别人认可的地方，这让他在与人交往时出现了很多不恰当的行为，给周围的人造成了一定的困扰。宸旭将周围人对他反常行为的被动反应，理解成了对他个人的主动排斥，从而更加自卑。

最近，宸旭为公司攻克了一个技术难题，他找到了导航系统该如何判断用户是在主路还是辅路上的解决方案。这一发现大幅提升了公司在行业内的竞争力。这个时候，同事给宸旭介绍了一个女生。

宸旭非常渴望拥有一段温暖的感情，渴望得到别人的认可，他不停地寻找可能会令女生感兴趣的话题。不知不觉间，宸旭发现自己正滔滔不绝地谈论着如何从技术上提高卫星定位系统的准确性。

显然，女生对此完全不感兴趣。很遗憾，宸旭再一次体会到了被人拒绝的滋味，同时这个女生也再没有机会深入了解他，看到他真实的一面。宸旭的焦虑情绪使他再一次搞砸了约会，他打定主意，要努力控制自己的想法。

宸旭本身是一个很优秀的人，但他的大脑产生的想法让他觉得自己不够优秀，进而觉得自己的人生很失败，大家也不喜欢他，是什么导致了这样的结果呢？他的大脑给出的答案是他不擅长人际交往。这种认知令他感到焦虑，本没有人际交往障碍的他在与人沟通时出现了不恰当的行为。

大脑的苦心

　　根据社会期望，我们人类显然应该成为一种"偶尔会情绪化，但总的来说相对理性"的生物。擅长思考的左脑同意这个论点，但富有创造力的右脑却不这么认为，现实生活中，绝大多数人都会花费很多时间和精力来处理自己的情绪。当爱人冷落我们时，当子女没有达到我们的期望时，当朋友错怪我们时，想保持冷静并不是一件简单的事。然而，我们完全没有必要为这些强烈的情绪消耗精力。我们之所以会感觉这些情绪来势凶猛且无法被控制，是因为我们给了它们掌控自己的权力。事实上，我们的多数行为都出于对生存和安全的需要。

也许你曾经听说过原始脑①的"丰功伟绩"，它一次又一次地将我们的祖先从远古时代的掠食者手中拯救出来。在高级脑还没有来得及发挥它的能力、没有将理智应用于我们所处的环境时，原始脑已经可以熟练地运用"战或逃"的应激机制，帮助我们逃出生天。虽然现在生活的世界早已不像远古时代那般充满致命的危险，但我们的大脑不这么认为，人类世世代代通过进化积累下来的经验，使得大脑保留了这样一种认知：我们的人生依然危机四伏。为此，大脑总是保持高度紧张状态，用尽全力想保障我们的安全，虽然它有时也会判断失误，但本质上还是为我们的安全着想。大脑会记录下我们每一次受到的伤害，以让我们随时保持警惕，避免重蹈覆辙。

我们的大脑是习惯的产物，无论这个习惯是有益的，还是有害的，只要能帮助我们预测未来，就是它所喜欢的。因此，当我

---

① 出自"三脑理论"。保罗·麦克莱恩（Paul D. Maclean）在 1970 年提出脑的三位一体理论认为大脑结构是进化的产物。人脑有三种物理脑系统，包括"原始脑""哺乳脑"与"视觉脑"。

们试图改变大脑时，它并不会立刻乖乖照做。大脑的抵抗有很多种形式，当你准备切断自动化反应，尝试用新的联结取代它们时，大脑会说"这也太难了吧"或"这反而会浪费更多的时间"。

举个例子，你从抖音上学会了一种系鞋带的新方法，这种方法更便捷，而且系出来的蝴蝶结更好看。不过因为你才刚刚学会这种新方法，所以系得还不够熟练。想象一下，你在军训的时候和大家一起跑步，这时鞋带开了，你离开队伍去一旁系鞋带。此时，教官突然大声呵斥你："干什么呢？快点归队！"你会采取哪种方式系鞋带呢？是闭着眼睛也能完成的老方法，还是便捷且好看的新方法？我想，绝大多数人都会选择使用老方法。说实话，大脑不关心什么新技巧与捷径，它只想在关键时刻保护我们。还有什么方法比过去的经验更能周全地给予我们庇护呢？

大脑会深入分析那些对我们造成伤害的原因，即使问题的根源并不在我们的身上，为了让我们增加对自己人生的掌控力，它宁愿错怪我们。也就是说，当问题源于我们自身时，我们也许可以努力做出改变，但如果是运气不好或者其他不可控的原因导致了问题的出现，那么我们将很难依靠自己的能力解决问题。故事中的宸旭明明已经非常优秀，却在大脑的错误归因下产生了自卑心理。

此外，我们的大脑还很擅长制造并不存在的问题，宸旭在读书时原本和朋友们相处得很愉快，却在大脑的指挥下渐渐对沟通这件事感到恐惧。宸旭想拥有的是朋友的认同和陪伴，可大脑带给他的却是排斥和孤独。

在远古时代，得不到同伴的认同意味着被集体抛弃，进而意味着饿肚子，这对我们的祖先来说是件非常可怕的事情，继承了这一认知的我们会非常害怕自己不善交际。因此，宸旭对自己的人际交往能力感到很焦虑，本没有人际交往障碍的他在与人沟通时常出现不恰当的行为。他希望更好地表现自己，所以滔滔不绝地说起了技术类话题，但显然这种做法无法引起女生的兴趣。

尽管我们的大脑经常弄巧成拙，但它的做法其实没有任何问题。从生存和安全的角度来看，大脑所做的每一件事情都有其合理性。然而，在更多的时候，我们会对大脑的热心感到困惑，它总是产生种种我们不想要也不需要的想法、情绪、回忆、感受，还会带来心跳加速、手心出汗等生理反应。为什么大脑总在关键时刻拖我们的后腿？如果它的目标是保护我们，为什么它不听从我们的指挥？

对此，大脑留给我们的选择只剩下两个——改变或接受。

如何应对大脑制造出来的混乱

改变的途径通常有两种，即与大脑争论和压制大脑的想法。争论对于破除非理性信念很有效，当我们意识到这些想法并没有现实依据后，大脑就会向现实低头，做出让步。但在其他时候，大脑就不是那么容易被说服的了。压制大脑的想法似乎很少能发挥作用，反而会激化我们与大脑之间的矛盾。按照精神分析大师西格蒙德·弗洛伊德（Sigmund Freud）的自我防御机制理论来解释，那些被压抑的欲望与冲动并未消失，只是在意识的监督之下暂时藏了起来，当遇到合适的机会，它又会重新活跃起来，并且会轻微、短暂地扰乱意识，不合理的压制行为甚至会带来病态的反应。就像白熊实验[①]一样，我们越是告诉自己不要想起白熊，白熊的画面就会越清晰地出现在我们的大脑中。

我们需要知道，所有情绪的产生都是有原因的，即使是那些让我们感到不舒服的情绪。就情绪本身而言，它们并不会对我们造成直接威胁，它们只是由不同的激素和神经递质的释放引起的生理变化。有些人喜欢给自己的情绪分类，比如"好情绪"和"坏情绪"，这种做法只会加剧我们摆脱坏情绪的冲动。这听起来也许有些不合理，克服和控制情绪不会对我们产生任何帮助。

举个例子，你被绑在一台焦虑探测器上，这台仪器很敏感，即使你只产生了一点点焦虑情绪，它也会探测出来，并对你进行电击。而你要做的，就是放轻松，把焦虑的情绪压制下去。想象一下，当你被绑在椅子上时，别紧张！当你被连接到机器上时，

[①] 白熊实验：美国心理学家把想忘记的事称为"白熊"，"白熊实验"就是探讨怎样才能让人彻底忘掉某事的实验。实验结果表明，你越告诉自己"不要去想白熊"，"白熊"的形象就越会在你的头脑中时隐时现。也就是说，你越想忘掉某事，记住它的概率就越高。

别紧张！当你想到自己被电击后产生的痛苦时，别紧张！然而，你越是要求自己别紧张，就越容易产生焦虑的情绪，当产生焦虑的情绪时，你就会被电击，越是被电击就越会焦虑……最后会发展成，单是想到焦虑这个词语都会让你感到焦虑。

包容大脑对于我们来说，或许会是一个更好的选择。承认大脑给我们带来的不便，感谢它的努力，然后不去尝试改变或压制我们的想法和情绪，而是继续我行我素，按照原定计划前行。接受并不意味着我们要喜欢上自己的感受，而是应该明白自己并没有处于危险的情境中，只是在经历某种不适，这种不适并不会对我们的生存造成威胁。

□ 感受情绪

"感受情绪"的练习可以帮助我们迈出接受情绪的第一步。在接下来一周的时间里，每当你产生焦虑、难过、愤怒或其他负面情绪时，请你仔细分辨这种情绪，尝试

体会这种情绪是如何在体内升腾的。然后，请填写感受
情绪练习表（见表 1-1）。

表 1-1　感受情绪练习表

时间	身体感到不适的部位	具体症状	情绪
上午 9 点	胃、心脏	胃里感到翻腾、心跳加快	焦虑
中午 12 点	胸口	胸口有压迫感	内疚
下午 3 点	眼睛、头	眼前模糊，脑袋嗡嗡作响	愤怒

负面情绪有其存在的价值

产生焦虑、抑郁等情绪是大脑用来警示我们的常见招数。我
们的大脑总想在一些特定时刻引起我们的注意，也许它是想提醒
我们前方有一只狗，因为我们过去被狗咬过；也许它是想让我们
躲开前方一位长得像前男友的陌生人，因为前男友的劈腿行为伤
害过你。大脑为了保护我们的身体和心灵，使我们免受二次伤害，
会拼命"挥手示意"。

但无奈的是，大脑没法给我们打电话，也没法给我们发微信，它只能通过诱发情绪和生理反应的手段来提醒我们远离危险。当我们离狗太近时，大脑会让我们产生害怕的感觉，或者通过心跳加快、手心出汗等信号，提醒我们离狗远点；当我们走近那个长得像前男友的人时，大脑会让我们想起一系列糟心的事。它本着谨慎性原则，将我们保护得十分周全。

当我们接收到了大脑的警告信号，远离了这些也许会给我们带来伤害的源头，大脑就会以让整个人都感觉放松下来的方式作为奖励。一边是恐惧，另一边是解脱，我们会选择哪边，结果不言而喻。归根结底，这种胡萝卜加大棒的政策，令大脑担心的事得到了解决。

实际上，负面情绪有其存在的价值。研究发现，焦虑感除了能帮助我们躲避危险，还可以提高我们的工作效率。强迫症作为一种以强迫思维和强迫行为为特征的精神障碍，通常伴有反复的、持续的侵入性行为，比如频繁洗手或反复检查门锁等。心理学家马丁·布吕内（Martin Brüne）认为，强迫症患者具有一种能够想象未来会出现的问题并努力将其解决的能力。例如，频繁洗手可以帮助我们避免接触有害细菌，减少患病概率。由此看来，强迫症大概是身为万物之灵的人类所特有的一种精神障碍。

同样地，创伤后应激障碍也是一种大脑为了保护我们而存在的精神障碍。患有该障碍的人会出现过度警觉、过度回避、闪回等症状，会持续不断地体会到曾经遭受伤害时的痛苦。尽管方式有些极端，但大脑正是试图通过这些方式帮助我们回避危险。

除此之外，心理学家还发现，抑郁情绪也有可能是一种大脑为了帮助我们适应生活的产物。抑郁的主要症状之一——反刍思维，是指患者沉浸在负面想法中无法自拔，而这也有可能是大脑处理复杂问题的手段之一[1]。

总而言之，大脑在保护我们的安全时，不惜采取过激的手段。比如，它把我们对未来的设想演变成了强迫症，把我们对自身的

---

[1]Andrews P W,Thomson J A.The bright side of being blue：depression as an adaptation for analyzing complex problems［J］. *Psychological Review*, 2009,116（3）：620-654.

反思演变为自我质疑和抑郁情绪。这种保护方式或许给我们带来了诸多困扰，但你要知道，大脑的做法总是有其道理的。

情绪背后是什么

阿柚已经在床上躺了一个多小时，可他还是睡不着，他的脑中不断回响着女朋友小芹的那句："不好意思，我有别的安排了。"这让他陷入沉思。阿柚是一个敏感且不善言辞的男生，经过半年的努力追求，他终于得到了小芹的认可。其实，小芹对他很好，两个人的感情十分甜蜜。

最近，小芹大学快毕业了，处在求职的关键期。她每天化着精致的妆，穿着得体的衣服去公司实习。她听说如果实习期表现优秀，就可以成为公司的正式员工，她不想错过这个好机会，所以每天都会加班。

阿柚很心疼自己的女朋友，可又担心她到了这么好的平台后会移情别恋，怀疑她加班是不是因为有其他事情瞒着他。阿柚为此惶惶不可终日，担心得连饭都吃不香了。小芹要过生日了，阿柚冥思苦想，准备给她一个惊喜，让她体会到自己浓浓的爱意，更加依赖自己。该送什么礼物好呢？送一大袋她爱吃的零食？太寒酸，拿不出手，也体现不出自己的爱。送一瓶香水？又怕她散发的迷人的味道会吸引到别的男人。最终，阿柚决定送小芹最近十分喜欢的玲娜贝儿玩偶。他费了很多心思，托人买到了一只玩偶，然后预订了一家餐厅，打算为小芹庆祝一番。

一切准备就绪，然而，当阿柚发信息邀请小芹时，她却只是冷淡地回复道："不好意思，我有别的安排了。"这句话就像在热腾腾的油锅中倒入一瓢冷水，阿柚的心中瞬间炸开了锅，无数个念头涌入他的脑海"她是不是对我失去兴趣了，我就是一个无聊透顶的人""她果然爱上了别人，要不然不会拒绝我的邀请"。

很多人都有过类似的困扰，我们会为很多并不真实存在的想法或还没有结果的事情而感到焦虑，甚至会产生抑郁情绪。我们脑海中的想法有时太过鲜活，以至于我们自己都开始分不清它们究竟只是想法，还是现实生活中已经发生的事情，故事中的阿柚就是这样把自己困在了"生动"的想象中。尽管在理智上，他知道这些烦恼都是他自找的，但他还是深陷其中、无法自拔。接下来，笔者将用心理学原理来详细分析阿柚的行为是如何受到想法影响的。

无以名状的情绪让我们心烦意乱

很多人还没有意识到，我们在生活中所感受到的压力和焦虑已经远远超过了我们能够承受的程度，我们因此经常感到不知所措。现在，是时候停下来问问自己，到底是什么让我们产生压力，让我们呼吸急促、心跳加快。

有时，原因显而易见。比如，当我们面临影响人生的重大考试时，或者当我们在家庭聚会上面对咄咄逼人的亲戚时，都会感觉压力大。有时，原因并不明显。我们能感受到烦恼的存在，却找不到明确的触发因素。若在看似没有充分理由的情况下感到有压力、焦虑或筋疲力尽，则更容易让我们心烦意乱。此时，我们可以借助情绪日记帮忙梳理自己的情况。

首先，我们需要识别自己的情绪。其次，我们要问问自己正在经历什么事情。最后，将它们记录下来。在写情绪日记的过程中，我们需要认识到，情绪和感受并没有正确和错误的区分，只须按照自己的实际情况记录情绪及发生的事件即可（见表 1-2）。

☐ 练习

表 1-2　情绪日记

星期＿＿＿

时间	情绪感受	事件
凌晨 3 点	恐慌	"我从噩梦中惊醒，汗流浃背，但我不知道发生了什么。"
早上 7 点	疲惫	"不知道为什么，每天早上我都感觉没有睡够。"
上午 10 点	愤怒	"地铁故障导致我上班迟到，这让我感到非常生气！"

（续表）

时间	情绪感受	事件
中午 12 点	失落	"同事们一起去吃午餐了，却唯独没有邀请我。"
下午 6 点	压力大	"都到下班的时间了，领导还给我安排了新的工作！"

通过这个练习，我们可以更好地判断出我们的情绪更容易被哪些内部或外部因素所触发。例如，你是否容易在特定的时间（如周一早上）和特定的环境（如单位里）感到不愉快。经过反复地练习、记录，我们将更准确地识别不同情绪，从而更好地认识自己。

情绪并非罪魁祸首

我们的情绪反应并非与我们的经历完全相关，实际上，我们对事件的想法才是造成问题的罪魁祸首。举个例子，你在忙碌工作之余，抽出工夫登录邮箱，想查看客户发来的邮件。一封来自老板的邮件映入眼帘，邮件的标题是"我们需要谈谈"。此时，你的第一感受是什么？

　　A.可能会感到担忧："是不是上次和客户签订的合同出现了纰漏，领导要把我叫去大骂一顿？"

　　B.可能会感到愤怒："我已经被工作压得不堪重负了，哪有时间和这个游手好闲的家伙聊天？"

　　C.可能会感到兴奋："是不是领导终于发现我最近工作很努力，业绩很好，想要提拔我？"

　　同样的事件会让不同的人产生截然不同的想法，进而诱发不同的情绪感受。

　　现在，我们来看看自己的情绪从何而来。请花点时间回忆一下，最近发生的一件让你产生负面情绪的事件是什么，你对这个事有什么想法和情绪感受（见表1-3）。

表 1-3　事件及感受记录表

发生的事件	想法和信念	情绪感受
交通事故导致我上班迟到	"我的老板会觉得我这个人不负责任。"	焦虑
朋友和其他人一起吃午餐，却没有答应我的邀请	"他一定是不喜欢我了，他一认识新朋友就抛弃了我。"	受伤

　　大脑一直在努力尝试去理解我们周围的世界，所以它才会创造一个又一个的想法来解释我们所遇到的每一件事。不幸的是，我们的想法并不一定能百分之百准确地描述事实。我们自以为可以看清自己的人生，但完全没有意识到，自己的偏见和经历正在对想法产生至关重要的影响。这就像随时随戴着一副"眼镜"去看世界，由于我们经历了一些事，这副"眼镜"上已布满划痕，甚至被弄脏、染上了颜色，导致看到的世界也变得不一样了。

情绪 ABC 理论

　　20 世纪 50 年代，美国著名心理学家阿尔伯特·埃利斯

（Albert Ellis）提出了情绪 ABC 理论。

埃利斯称，人的情绪不是由某一诱发性事件本身引起的，而是由经历了这一事件的人对这一事件的解释和评价所引起的，这便是情绪 ABC 理论的基本观点。在情绪 ABC 理论中，A（Activating event）指的是诱发性事件；B（Belief）是指个体在遇到诱发事件后产生的信念，即他对这一事件的想法、理解和评价；C（Consequence）是指在特定情景下，个体产生的情绪及其导致的行为结果。

让我们用阿柚的例子来进一步分析这一理论。

首先，事件发生了。

事件（A）	信念（B）	情绪（C）
女朋友拒绝了我的约会请求		

然后，我们对此事产生了想法。

事件（A）	信念（B）	情绪（C）
女朋友拒绝了我的约会请求	"她对我失去兴趣了。"	

最后，想法导致了情绪的产生。

事件（A）	信念（B）	情绪（C）
女朋友拒绝了我的约会请求	"她对我失去兴趣了。"	难过

接下来，我们来看看，如果阿柚对此事产生了其他信念，是不是会导致不一样的情绪和后果呢？

事件（A）	信念（B）	情绪（C）
女朋友拒绝了我的约会请求	"她对我失去兴趣了。"	难过
女朋友拒绝了我的约会请求	"她爱上了别人，要离开我。"	愤怒
女朋友拒绝了我的约会请求	"她最近很累，需要休息。"	冷静
女朋友拒绝了我的约会请求	"她身体不适。"	担忧

情绪 ABCDE 模型

后来，埃利斯在 ABC 理论的基础上，提出了更为完善的情绪 ABCDE 模型，即通过对原来的信念 B 进行反驳 D（Disputation），从而激发新的结果和行为 E（Energization）（见图 1-1）。

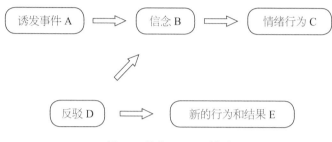

图 1-1　情绪 ABCDE 模型

埃利斯认为，我们不合理的信念有三个特征，即要求绝对化、过分概括化和糟糕至极。

要求绝对化是指人们以自己的想法为出发点，认为某件事"必须"或"应该"发生，如"我的老板必须重用我"。拥有此信念的人往往很容易受到负面情绪的困扰，因为事情的发展都是有其客观规律的，并不会因为某人的绝对化要求而发生改变。那么，当事情没有按照他们的想法发展时，他们就会难以接受。

过分概括化是一种以偏概全的思维方式。一方面，这种不合理的思维方式表现为对自身有不合理的评价，如"我是一个无聊至极的人"。这种信念使得我们会因为只做错了一件事而全盘否定自己，觉得自己一无是处，从而陷入自暴自弃的深渊。另一方面，这种不合理的思维方式又表现为对他人有着不合理的评价，如"他忘了我的生日，他不爱我了"，这种信念使得个体很容易苛待他人，容易产生愤怒的情绪。

糟糕至极是指在一件坏事发生后，个体产生了灾难化想法，如"领导瞪了我一眼，这太糟糕了，我是不是要被开除了"，这种不符合现实的信念很容易使个体陷入抑郁、焦虑等情绪。

那么，如何化解不合理的信念带给我们的情绪困扰呢？进行苏格拉底式辩论就是一个不错的方法。

苏格拉底曾与一名青年进行过一场关于"善恶"的辩论。

苏格拉底："如果你知道什么是善恶的话，我想问问你，欺骗、偷窃、伤害他人，是善还是恶？"

青年："当然是恶行了。"

苏格拉底："如果一位将军战胜并奴役了危害自己国家的坏人，这是恶行吗？"

青年："不是。"

苏格拉底："如果一位获胜的将军抓走了危害自己国家的坏

人，这是恶行吗？"

青年："也不是。"

苏格拉底："可是你刚才说欺骗、偷窃、奴役他人都是恶行，现在怎么又不是了呢？"

青年："我是说对亲朋好友进行欺骗、偷窃、奴役都是恶行。"

苏格拉底："那么，如果一个将军欺骗被困的士兵，说援军即将到来，这番话鼓舞了他们的士气，这是恶行吗？"

青年："不是。"

苏格拉底："如果孩子生病了不肯吃药，他的父亲说药不苦，很好吃。这位父亲的欺骗行为是善行还是恶行？"

青年："是善行。"

苏格拉底："你刚刚说对亲朋好友的欺骗、偷窃都是恶行，怎么现在又说是善行了？"

青年："我已经分不清善恶了。"

苏格拉底："善恶在不同的情况下含义不同。"

通过这个故事，我们可以看出，苏格拉底式辩论可被拆分为四个步骤：一是找出不合理的地方；二是不进行评价，单纯地倾听；三是总结并核实假设；四是提炼关键信息并得出结论。那么，我们如何用情绪 ABCDE 模型帮助阿柚分析他的不合理信念呢（见表 1-4）？

表 1-4　ABCDE 模型应用实例表

事件（A）	信念（B）	情绪（C）	反驳（D）	激发（E）
女朋友拒绝了我的约会请求	"她对我失去兴趣了。"	难过	她没有义务答应我的所有要求，她也有自己的生活	冷静下来
女朋友拒绝了我的约会请求	"她爱上了别人，要离开我。"	愤怒	她昨晚还和我聊了很长时间	她还是很爱我的
女朋友拒绝了我的约会请求	"太糟糕了，所有人都不喜欢我。"	抑郁	即使被女朋友拒绝了，天也不会塌下来，这并不是什么大不了的事	恢复平静

苏格拉底式辩论可以帮助我们从新的认知角度来看待自己产生负面情绪的原因，用辩证的态度对待自己的经历，从而重新获得内心的平静。

情绪 ABCBO 模型

　　心理学家朱莉娅·克里斯蒂娜（Julia Kristina）在情绪 ABC 理论的基础上提出了情绪 ABCBO 模型。她认为既然信念创造了情绪，情绪驱动了行为，行为导致了结果，那么 ABC 理论就应该增加行为 B（Behavior）和结果 O（Outcome）两个元素。也就是说，当我们改变了自己的信念，会引发改变生活的连锁反应。我们都知道，积极的信念能促进有益的行为，而消极的信念会诱发无益的行为。现在，让我们来进一步分析，阿柚的信念有产生哪些后果的可能性（见表 1-5）。

表 1-5　阿柚的信念及可能导致的结果

事件（A）	信念（B）	情绪（C）	行为（B）	结果（O）
女朋友拒绝了我的约会请求	"她对我失去兴趣了。"	难过	借酒浇愁	意志消沉，身体不适
女朋友拒绝了我的约会请求	"她爱上了别人，要离开我。"	愤怒	跟踪对方，查看她的手机，与和她说话的人发生争吵	对方感到自己不被信任，二人大吵一架，甚至分手

（续表）

事件（A）	信念（B）	情绪（C）	行为（B）	结果（O）
女朋友拒绝了我的约会请求	"她最近很累，需要休息。"	冷静	关心对方，替她分担一些工作	对方很开心，二人的关系更融洽
女朋友拒绝了我的约会请求	"她身体不适。"	担忧	询问对方身体情况，看看是否需要帮助	对方感到很温暖，二人的感情升温

好了，现在轮到你来构建属于自己的 ABCBO 模型了。请你仔细回想一下，最近发生的一件让你产生负面情绪的事是什么，注意观察自己当时的想法，将其记录在纸上。然后，想一想是否有其他想法、理解、评价可以解释这件事。这会帮助你以一个全新的视角看待困扰自己的事。当你采取新的思考方式时，你的思维会发生一些转变，会用更客观的方式来看待人生。

▸ 第二章　热锅上的自己

TWO

　　炎炎夏日，周围的一切似乎都让人变得很焦躁。电脑上的时钟显示已经过了晚上七点，文娟越来越焦虑，自己的工作迟迟做不完，部门领导又在不断催促。她想找人帮忙，可环顾四周，同事们似乎都有忙不完的事情，她就像一只热锅上的蚂蚁，焦躁不安。

　　文娟是一名新人，入职仅三个月不到，和同事们还不是很熟悉。其实只要她再仔细观察一下，就会发现此时的小张正在电脑上玩着游戏，小刘在逛着淘宝，小李在刷着朋友圈。单位"内卷"的情况很严重，所以同事们都在工位上假装忙碌，没有人留意到文娟已经焦虑到了极点。

　　不知道如何推进工作的文娟打开电脑，开始浏览财经新闻，想放松一下。此时，部门领导路过她的工位，瞥了一眼她的电脑屏幕，然后随意地问道："你买股票了？"

文娓被吓了一跳，一时不知道该怎么回答。她确实炒过几天股，但没有太多兴趣。

"年纪轻轻的，干什么不好，少碰股票。"领导好心叮嘱道。

文娓感觉领导的目光像锥子一样，刺得她喘不上气。她感到自己一阵心慌，手心冒汗，赶紧离开工位来到楼梯间。她像离开水的鱼一样大口喘息着，不停地用双手拍打着自己滚烫的脸颊，希望能够尽快平静下来。

文娓对单位的工位特别不满意，不仅人与人之间的距离非常近，而且连个挡板都没有。这让她感觉自己仿佛赤裸裸地站在拥挤的广场上，完全没有个人隐私。更令她难以忍受的是，坐在她两边的同事是一对恋人，虽说单位允许办公室恋情，这两个同事也很注意影响，没有在办公室里打情骂俏，但夹在二人中间的文娓仍然觉得很尴尬，总觉得自己非常碍事。

文娓又是一个很敏感的女孩，她觉得邻座的女同事对她的位置耿耿于怀，因此经常觉得女同事十分不喜欢自己。比如，女同事从外地旅游回来，给每位同事都带了土特产，却唯独没有分给文娟。要说女同事是故意这样做的，可其实二人之间没发生过什么直接冲突；要说她只是忘了给她带土特产，可明明文娟就坐在她的旁边。

但其实这些都不是主要的，最让文娟难过的是她的业绩一直在部门内垫底。虽然领导对作为新人的她没有过分严苛的要求，但她觉得这样的业绩对不起她的名校毕业生身份，让她感到十分懊恼。转正考核近在眼前，如果她无法摆脱垫底的情况，将很难转正。

最近，文娟开始失眠，并且严重脱发。她也去医院看过，医生只是说应注意睡眠，少吃油炸食品，少喝咖啡和浓茶。可是，面对大量工作，她的压力很大，她实在没有办法像医生建议的那样，健康饮食、规律作息。

文娟越想越难受，自言自语道："别人是未来可期，而我只能是未来可分期。"

类似文娟这种情况其实很常见，只是焦虑和紧张情绪在不同人的身上体现的程度不同罢了。有的人只在出现了令人烦恼的事情时才会产生焦虑感，而有的人则长期陷在焦虑的泥潭中，无法自拔。

焦虑是什么

我们需要明白，焦虑不等于焦虑症。焦虑症是一种没有具体对象的、毫无根据的惊慌和紧张，是一种泛化的心理状态，通常与遗传有关。病理性焦虑包括惊恐发作、社交焦虑症、广场焦虑症、特定对象恐惧症等，患者需要接受心理咨询等专业治疗并配合药物治疗。在达到病理性焦虑的程度之前，我们大多数人经历的是正常的焦虑情绪或预期性焦虑、自发性焦虑。所谓预期性焦虑，指的是与实际情境无关的、突然出现的焦虑状态，这种情绪在五分钟内达到高潮后会自行消失。而自发性焦虑指的是个体会对某一类特殊情境感到担忧，如会害怕商场、害怕动物园等（见图 2-1）。

图 2-1　焦虑演化过程图

　　心理学把焦虑定义为一种由内心冲突引起的不愉快的状态。再具体一点的解释是，焦虑既包括对不确定之事的恐惧感，又包括对未来的恐惧感。也就是说，当我们知道某件事已不可避免，但自己又无能为力时，焦虑感就会产生。比如，小白鼠一吃东西就会被电击，出于生存本能，它想吃东西，但它又害怕被电击，此时便会产生焦虑感。再比如，我们要参加数学考试，因为我们有数学考试不及格的经历，所以担心这次会考得不好，可我们又不得不参加考试，这时我们也会产生焦虑感。

　　那么，焦虑是怎样根植于我们的"出厂设置"中的呢？我们可以先把自己想象成一只小白兔，解决自己的生理需要是我们生活中最重要的事。感觉饿了，就去觅食；感觉困了，就找个安全的地方睡觉；看见可怕的大灰狼，就躲得远远的。作为一只小白兔，我们只能把眼光放在当下或不久的将来。换句话说，小白兔生活在一种拥有"即时反馈"的环境里，它所做出的每个行为都会在极短的时间内被告知结果。

同样地，生活在几千年前的人类祖先也生活在"即时反馈"的环境中。原始人类的生存条件远不如现在，无论是在山洞里睡觉，还是外出打猎，他们都可能会面临生存危机。他们既没有充足的粮食可以果腹，又要被迫应对可能随时来袭的猛兽，这让他们练就了"一身武艺"。一方面，当他们感到周围有危险时，身体就会立刻启动"战或逃"的应激机制：他们会警惕地环顾四周，心跳加速，呼吸变快。慢慢地，这种"战或逃"的应激机制被刻在了人类的骨子里，加上人类的大脑很难区分危险是真实发生的还是想象出来的，所以当被想象出的危险十分逼真时，人类便会产生焦虑情绪。另一方面，原始人类通常会立即采取行动来满足自己的生理需要，这使得他们的焦虑总能及时得到反馈。

然而，现在我们生活在"延迟反馈"的环境中，焦虑有了全新的定义，我们现在所做的很多事情都是为了在以后获得回馈。

但是我们的大脑没有进化出与其相匹配的功能，依然停留在即时反馈的状态里，让属于未来的威胁困扰着当下的我们，我们因此会产生一种"错位感"。我们无法立刻知晓事情的结果，这种错位感又再次诱发了焦虑。

与此同时，焦虑还与我们的个人技能及所面临的挑战难度有关。如果以个人技能和挑战难度为轴绘制一个四象限图，那么，当挑战难度远远超过我们的个人能力时，我们就会产生焦虑情绪。比如参加某项体育比赛，如果我们凭借个人技能可以轻轻松松地完成挑战，就会感到厌倦；而如果我们的技能和所要应对的挑战难度都处于较低的状态，我们会为比赛结果感到担忧；如果我们的个人技能和挑战难度都处于较高的状态，那么我们便会达到心流这一最佳状态。心流的概念是由美国心理学家米哈里·契克森米哈赖（Mihaly Csikszentmihalyi）提出的，它指的是当我们聚精会神地做某事时，达到的一种忘我的状态（见图 2-2）。

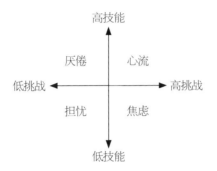

图 2-2　个人技能与挑战难度象限图

其实，焦虑就像一场精神上的感冒，是一种每个人都会产生的情绪，并不是弱者所独有的。当一个人的精神压力不断增加、持续积累，最终达到身心无法负荷的程度时，还会产生一些生理反应，如感到头脑一片空白、心跳加快、手心出汗等。如果一个人长期处于过度焦虑的状态，还会诱发很多其他问题，比如，急躁、易冲动、心理压力大、失眠、无法集中注意力等。

尽管会诱发很多生理上的症状，但焦虑的产生也不是完全没有好处的。一方面，焦虑是一台很好的"预警器"，心理学家认为焦虑对人类而言，有着进化上的优势。2012 年，威斯康星大学麦迪逊分校心理学院的研究员发现，焦虑能帮助我们发现潜在的危机。他们在测试环境中释放带有微弱气味的气体，并且随口问被试是否闻到了气味。实验结果表明，焦虑程度越高的人越容易闻到这些气味，他们对难闻的气味尤其敏感。难闻的气味通常与有毒物质、垃圾、火焰等危险的事物有关，而觉察异味的人可以及时躲开这些危险，从而提高生存概率。

另一方面，焦虑是一台很好的"发动机"。哈佛大学心理学家 R. M. 耶克斯（R. M. Yerkes）和 J. D. 多德森（J. D. Dodson）通过实验发现，动机强度和效率水平之间呈倒 U 形曲线关系（见图 2-3），并提出了耶克斯 – 多德森定律。耶克斯和多德森为实验中的小白鼠设计了一个"黑 – 白视觉识别"实验，小白鼠可以自由选择进入黑盒子或者白盒子。如果它们选择进入黑盒子就会受到电击，而进入白盒子则不会发生任何事。两位心理学家发现，当电压较低时，小白鼠的辨别速度并不是很理想；当电压不断提高、压力不断增大时，小白鼠的学习速度得到了明显提升；当电压超过某个数值时，小白鼠的学习速度不再提升。也就是说，当动机强度处于中等水平时，所诱发的焦虑状态也处于中等水平时，此时的学习效率最高。

　　存在即合理。既然焦虑情绪的出现有其必要性，且不完全无益，我们便应该用积极的态度去看待它的存在。那么，我们应该如何摆脱焦虑带来的负面影响呢？

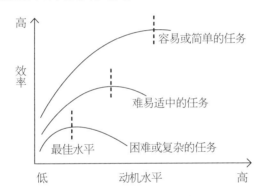

图 2-3　耶克斯 – 多德森定律图

如何恰当地缓解焦虑

放松

放松包括放松身体和放松精神两部分。放松其实也需要一些技巧，你可以试试下面这个"腹式呼吸＋观察想法"的练习。

☐ 练习

找一个安静的地方，设定一个 5 分钟的闹钟，然后选择一个舒服的姿势坐好，闭上眼睛。将你的注意力集中在呼吸上，吸气，呼气。吸气时，将肚子鼓起来；呼气时，让肚子瘪下去。

与此同时，你的脑海里会出现很多想法。你需要做的是，将这些想法想象成肥皂泡，看着它们在天空中上上下下，从一个想法切换到另一个想法。你的注意力不要被这些想法分散，你只需要看着它们一个接一个地出现，又一个接一个地消失。保持均匀的呼吸，让你的心静下来，别去理会这些泡泡。

当闹钟响起时，请你慢慢睁开眼睛。此时，你的焦虑情绪应该已经得到了很大的缓解。

换个角度看待问题

如果你经常叹气、抱怨，周围人往往会给你贴上"易焦虑"的标签，并且会对你做出各种负面假设。然而，如果我们换个角度看待问题就会发现，时常感到焦虑的人通常更敏感，并且有着丰富的想象力。你可以尝试用"积极词语替换消极词语"练习来改变自己的想法，让那些令人避之不及的消极行为变成积极特征，我们也尽量要在生活中保持这种乐观的态度。

□ 练习

试着为自己撕掉"易焦虑"的标签，选择一些积极的词汇来解释焦虑的行为。比如，我们可以用"注重细节"代替"瞻前顾后"，用"精神饱满"代替"亢奋"，用"谨慎"代替"担忧"，用"做事细致"代替"神经质"，用"行动力强"代替"做事冲动"，用"有爆发力"代替"性子急"，用"随机应变"代替"没有计划性"，用"意志坚强"代替"顽固"，用"稳重"代替"沉默寡言"，用"感性"代替"容易失落"，用"独立"代替"独来独往"，用"坦率"代替"说话直"，用"配合度高"代替"没主见"。

从现实出发考虑问题

在现实生活中，给我们带来焦虑和困扰的，有时并不是实实在在的事件，而是我们丰富的想象力。要知道，想法只是想法，不是事实，情绪也不会把想法变成事实，如果我们能够从现实出发考虑问题，会摆脱很多烦恼。

举个例子，你在一个陌生的国家旅游，由于囊中羞涩，你只能在郊区预订一家小旅店。在玩耍了一天准备回旅店时，夜色已深，你听到身后有脚步声传来，并且听起来正离你越来越近。你也许会想："完蛋！遇上坏人了，快跑！"但事情的真相果真如此吗？也许这个人只是旅店的工作人员，他赶着去值夜班，恰巧和你同路。由此可见，同一种情境，如果我们的想法不同，那么便会产生不同的反应。

言归正传，人类具有审视自己想法的天赋，这就像我们可以一边开着赛车，一边坐在看台上看赛车比赛。虽然在现实世界里，我们常常无法做到这一点，但是我们可以试着在亲身经历某些事情时，试着体会一下自己的想法和情绪。当然，用超然的态度对待自己的想法和情绪是一件很有挑战性的事情。毕竟开赛车需要我们付出很多的精力，此时，我们会失去客观看待想法和情绪的能力，忘了它们只不过是想法和情绪，甚至任由它们掌握控制权。但当我们能够重新坐回看台上，与这些想法保持距离，便可以为自己做出决定——是否要服从这些想法和情绪。

情绪是带有一定强迫性的，我们根本无法让它停下来，但是任由情绪恶化也不是办法，我们需要学会与自己的情绪保持距离。我们可以通过如下这个"天空飘来的云"练习学习如何观察自己的想法和情绪。

□ 练习

找一个安静的地方，放松地坐下来或躺下来，闭上眼睛。想象着蓝蓝的天空中飘过一朵朵洁白的云彩。每一朵云彩都是你的一个想法，每当你产生一个新的想法，天空中就多了一朵云彩。这些想法可以以任何形式出现，文字、图片、语音都可以，而你正躺在草地上看着这些云朵飘过。当你发现自己走神时，不用感到懊恼，你需要做的就是重新躺回草地上，继续观察云朵。

这个练习的难点在于，如何用不批判的态度来观察自己的想法。你也许会发现，自己正在对某个想法进行点评，请你记录下点评的具体内容及其出现的时机，并让它作为一朵新的云彩出现在天空中。你不需要对其进行任何回应，因为它只是一个想法。

避免陷入过度沉思

我们在感到焦虑时，常常会陷入恐慌，为了摆脱这种情绪，我们往往会反复琢磨那些令我们感到痛苦或失去理智的想法，试图不再焦虑。然而，这种方法大错特错，过度反思只会让我们的大脑中与焦虑有关的通路得到强化，最终形成恶性循环。

有的想法具有很强的伤害性，比如。

我就是个废物，我不配得到自己想要的东西；

　　我很害怕就这样度过自己的一生。

　　执着于分析这些想法对我们而言，并无益处。当焦虑情绪袭来时，我们应该将注意力集中在当下，告诉自己，应"不念过去，不畏将来"。

立即响应

　　很多时候，我们对未来的焦虑正是源于没有采取及时且有效的行动，所以我们的潜意识里总感觉还有什么事情等着我们去做。与其把时间浪费在焦虑和不安中，不如立即对事件进行响应，找出适当的解决办法。举一个简单的例子，你家里的脏衣服已经堆积如山，再不洗明天就没衣服穿了。如果你下班回家，立刻打开洗衣机开关，倒上洗衣液，就不会产生焦虑感。但如果你先玩会儿手机，再和朋友打电话聊会儿天，就会产生一种似有若无的焦虑感。

循序渐进地完成目标

如果你对要完成的事情有畏难情绪，一直在逃避，可以先试着把任务分解成几个小目标，然后循序渐进地去完成它们。

举个例子，多年前，笔者准备参加雅思考试，我要求自己每天都要去自习室从早到晚地学习。如果和朋友闲聊十分钟，我就会感到不安；如果看了一集综艺，我就会被巨大的自责感包围。既然我对自己的要求是每时每刻都在努力学习，那么一丁点儿的放松都成了难以容忍的事情。当努力学习成了目标本身，通过雅思考试的目的反而显得没那么重要了，但正是这种没有具体目标的努力，让我感到焦虑不已。若把努力当作手段而非目标，焦虑就将在一定程度上得到缓解。

读书的时候，老师正是通过循序渐进地设定小而明确的目标来帮助我们实现学习知识的目的的。比如，课后要求背诵全文，课上听写英语单词……每完成一项作业或任务，成就感就会把我们从焦虑中解救出来。将大且长远的目标，拆分为一个个小目标，然后去高效地完成，重视收到的及时反馈，这些都可以有效地帮助我们缓解对实现未来目标的焦虑感。

不过度关注他人的评价

每个人都喜欢被人夸奖，特别是一些从小到大被掌声和赞扬包围的乖孩子。当我们进入职场后，夸奖变少了，流言蜚语变多了，于是很多人都感到十分不适应。既然别人对我们的态度和评价是我们无法掌控的，那么不如把我们对外界的渴望转变为对自身价值感的追求，通过这种方法提升对自身的掌控感。

极简生活

当我们每天拖着疲惫的身躯回到家中，看着一屋子被堆得乱糟糟的衣服，桌子上摆满了吃过或没吃过的食物，一定会觉得很烦躁，极简生活可以在一定程度上缓解我们的焦虑情绪。我们可以通过清理不必要的物品、缩短通勤时间、减小居住面积、学会拒绝他人、把无关痛痒的小事交给别人来做等方式，简化自己的生活，从而可以用更多的时间亲近自然。

呵护自己

我们可以通过保证充足的睡眠时间，给自己留出足够的独处时间，或通过看书、看展览、看电影、按摩、泡热水澡、运动等方式呵护自己，增加应对焦虑情绪的心理储备。此外，我们要避免摄入会加重焦虑情绪的食物和饮品。研究显示，酒精、咖啡和糖的过量摄入，会加重人的焦虑情绪。

第三章　片片乌云终将消散

THREE

小 A 今年 23 岁，她有一个交往多年的男朋友。

小 A 和男朋友相识于大学期间，他们和平凡的大学生恋人没有什么不同。当时她的纯洁吸引了男孩的目光，而小 A 的日记本里也写满了男孩的名字。

大学毕业后，小 A 选择了留在国内找工作，男孩却选择了出国留学。异国恋是很辛苦的，二人不仅长期见不到面，还要忍受时差的考验。

小 A 的求职之旅并不顺利，她参加了很多大公司的招聘考试，却都在笔试环节败下阵来。刚开始，小 A 还能开玩笑般地和男孩抱怨："试卷里有很多数学题，我都答不上来。这怪我，只因为当年在数学课上花了 2 秒的时间去捡掉在地上的笔，我就再也没听懂过数学。"

与此同时，小 A 的母亲被检查出患有癌症，这让本就压力很大的小 A 感到天都塌了下来。她不断地和男孩说："都是我不好，我没有好好照顾妈妈，没有听她的话，还总让她生气，她才会得这么重的病。"

男孩的情绪被小 A 影响着，而小 A 本就是一个凡事都喜欢从自己身上找原因的、有些自卑的女孩。找不到工作的压力和母亲患上重病的现实，让她觉得自己配不上男孩。她想说不定等男孩留学归来，就会因为看不上自己而提出分手。因此，患得患失的小 A 要求男朋友每天醒来都要第一时间给她打电话，汇报当日的安排，而她则每天守在手机旁，生怕错过男孩的任何一条消息。

当时正值新冠肺炎疫情期间，国外的防控情况不明朗，加上小 A 爆棚的负面情绪，男孩开始感到焦虑。虽然他能够理解小 A，也愿意包容小 A，可时间长了，男孩还是受不了这种充满压力的生活。虽然他记得自己的承诺——每天起床给小 A 打电话，可他还是不断地拖延打电话的时间。渐渐地，小 A 开始对男孩心生不满。面对小 A 的质问，男孩解释道，这不是因为小 A 不好，而是因为时差问题，加上自己这段时间的课业负担很重，经常很晚才睡。

"我们分手吧。"终于有一天，小 A 在愤怒之下提出分手。她本以为男孩会"改过自新"、挽留自己，没想到男孩只是轻轻地说了一句："好。"

小 A 赌气似的不再联系男孩。就这样过了半个月，小 A 还是忍不住给男孩发了一条微信，却没想到男孩已经把她从好友列表中删除，此时小 A 积攒了许久的情绪爆发了。

她给朋友打电话哭诉："都是我不好，才让他离开了我。如果不是我逼他每天给我打电话，如果不是我找不到工作，如果不是因为我妈妈生了病……"

朋友打断小 A 的自责，说："我建议你永远相信爱情，但不建议你相信爱情会永远。你什么都没有做错，只是目前的你们不适合彼此。"

然而，小 A 听不进朋友的劝说。她在日记本里写下："如果你过度爱上一样东西，那叫贪心。如果你过度爱上一个人，那叫纠缠。如果你过度爱着过去，卡在里面出不来，那叫痴心妄想。这些都是扭曲的爱。"终日沉浸在自责之中的小 A，渐渐陷入了抑郁的沼泽。

故事中的小 A 本就是一个性格上有些自卑的女孩，并且由于自卑，她逐渐形成了一个习惯——总把消极之事发生的原因归结于自身。面试失败是因为"我"没有学好数学、男友分手是因为"我"不会经营感情、母亲生病也是因为"我"……将一切责任都背负下来，只会让自己的负担越背越重，抑郁情绪无法得到缓解。遇事若只从自己身上找原因，长此以往，你就可能变得抑郁。

是抑郁情绪还是抑郁症

如果小 A 在分手后不指责自己，不回忆细节，不做假设，调整好心情，做好自己，重新出发，她或许可以更好地调节自己的情绪和状态。要知道，决定两个人最终能否在一起的，不仅是个人的能力、性格、家庭条件，时机也很重要。我们完全没有必要否定自己的一切，因为总有那么一个人会接纳我们的一切，和我们携手面对人生的风风雨雨。希望你能明白，如果遇事总从自己身上找原因，那么你也许就离抑郁不远了。

如果你像小 A 一样，无法洒脱地面对人生中的灰暗时刻，总是感到情绪低落，感觉自己的头顶笼罩着片片乌云，感觉自己正身处北极圈，经历着暗无天日的冬天，你是否会怀疑自己得了抑郁症？我们需要明白，抑郁情绪不等于抑郁症，虽然二者在感受上有一定的相似之处（见图 3-1）。

图 3-1　抑郁情绪与抑郁症

想要判断一个人是否得了抑郁症，我们需要从三个方面入手：一是抑郁情绪的产生是否有与其相称的处境，换言之，这个人感到难过是否事出有因；二是抑郁的情绪是否显著且持久（是否在两周以上）；三是抑郁的情绪是否反复发作。

抑郁症患者在情绪感受和身体感觉方面都与常人不同。在情绪感受上，抑郁症患者会有内疚感、自责感、羞耻感、自卑感、匮乏感及被剥夺感、孤独感、分离感、丧失感、无力感、绝望感、对他人的痛苦感同身受却无法排解。在身体感觉上，抑郁症患者会有灰暗感、寒冷感、滞重感、压抑感、心痛感、空洞感、阻塞感、僵硬感、两极化的时间感、麻木感等感觉。

如果我们处在抑郁的状态里，将会怎样度过一天？上午，我们会被焦虑感和无力感淹没，找不到做事的状态，注意力无法集中，工作效率非常低；午饭后，我们的情绪明显好转，想要好好度过下午的时光；下午 1 点到 3 点，我们又被无力感所包围，虽然想做事，却没有力气，内心倦怠，不知道如何是好；下午 4 点到 5 点，我们的情绪再次好转，倦怠感减轻，想要与人沟通。

法国心理学家米歇尔·勒朱瓦耶说过："抑郁是一种忘记，而抑郁症是一种缺失。"抑郁情绪让我们忘记自己的欲望，忘记自己的优点，忘记自己的行动。而抑郁症会让人筋疲力尽，它让我们将自己几乎全部的时间和精力都用来面对抑郁。抑郁的反义词不是开心，而是恢复活力，抑郁让人情绪低落，并且会失去对所有事情的兴趣。即使我们正面对曾经非常期待的事情，在抑郁症的影响下，我们也会变得懒得动弹（见表 3-1）。

表 3-1　健康人、抑郁者与抑郁症患者的区别

区别	健康人	抑郁者	抑郁症患者
欲望	明确、具体、可描述	不满足且难以形容	欲望缺失
爱	享受爱情	善妒，害怕被抛弃	没有爱的能力
工作	全神贯注，劳逸结合	逃避，害怕别人认为自己能力不足	精神无法集中，无力应对
精力	精力充沛	疲劳，太多无用的情绪使人烦躁不安	精力缺乏
时间	享受当下	时间不够用	用痛苦度量时，觉得时间漫长且无止境，用效率度量时觉得时间过得飞快

如何缓解抑郁情绪

关于这个世界，关于我们的人生，我们的想法都告诉了我们哪些事实呢？我们的想法有时候看起来很真实，但它也许只是在一段时间内是真正正确的。我们需要时刻提醒自己，我们的想法并不能时时刻刻反映真实的事件，它有时会对事实添油加醋，让我们陷入抑郁的深渊。以下这些方法，可以在一定程度上帮助我们缓解抑郁的情绪，不妨试一试。希望处在抑郁情绪中的每个人能够记住："凡是过往皆为序章，所有未来皆为可盼。"

觉察自己的情绪，并与其保持距离

莉莎·费德曼·巴瑞特（Lisa Foldman Barrelt）教授在《情绪》一书中描述过一个与蜘蛛恐惧有关的实验。被试需要用不同的方式面对蜘蛛。第一组被试用的是认知重新评估法，即让被试用一种不会引起自身恐惧的方式去形容蜘蛛，如"这只蜘蛛的个头很小，并且没有毒，它不会咬人"。第二组被试用的是注意力转移法，即被试需要想象其他与蜘蛛无关的事情。第三组被试用的是直面情绪法，即对蜘蛛及自己的感觉进行描述，如"这只蜘蛛长相丑陋，让人觉得既害怕又恶心"。实验结果证明，最后一种方法相较于前两种方法而言，缓解恐惧的效果更明显。

因此，觉察自己正被抑郁挟持并与抑郁保持距离，是我们摆脱抑郁的魔爪、切断负面情绪的自动化反应的第一步。"我正在经历这种想法"的练习能够帮助你更好地迈出第一步。

□ 练习

这个练习非常容易上手。当我们发现自己产生了某个想法或某种强烈的感觉时，试着去用语言描述它，并且在这个想法或感觉前加上一句"我正在经历这种想法（感觉）"。比如，当我们在工作中无缘无故被领导训斥，对领导很不满，可以对自己说："我正在经历'我不喜欢今天的领导'的想法。"再如，当我们在旅游途中，呼吸着新鲜的空气，看着旁边嬉笑打闹的孩子们时，可以对自己说："我正在经历'这次旅游真美妙'的想法。"

这个练习非常简单，简单到随时都有可能被遗忘，我们可以在自己的手边贴个纸条，写上"我正在经历这种想法"作为提示。练习的次数越多，我们就越能够熟练地觉察自己的情绪并及时调整状态。

找到自己的人生价值

我们想如何度过自己的人生？当我们离开这个世界的时候，希望如何被别人记起？拥有清晰的人生价值对我们而言，非常重要，以我们追求的价值为导向评价自己的行为，想想此时此刻的我们是不是自己希望成为的样子，可以有效地帮助我们摆脱抑郁情绪。

找到自己的人生价值似乎是一件很容易的事情，但想要明确地说出究竟什么东西在我们的生命中占据了重要的位置并不容易。下面这个练习将帮助我们找到自己的人生价值。

□ 练习

心理学家凯利·威尔逊（Kelly Wilson）及其团队通过调查研究，发现了10件对我们的人生具有重大意义的事。

• 家庭关系（婚姻、亲子关系除外）；

• 婚姻/恋爱/亲密关系；

• 亲子关系；

• 友谊/社会关系；

• 工作；

• 教育/培训；

• 娱乐；

- 精神；

- 公民权利／社区生活；

- 身体健康。

请你根据自己的情况，对以上 10 件事进行打分，1
分代表完全不重要，10 分代表非常重要，你可以将分数
写在每件事情前的空白处。如果你很难选出最重要的事
情，可以先排除一半事情，再排除剩下的一半项目，直
到最后选出最重要的事情。

在我们找到对自己而言最重要的人生价值后，我们每个人都
需要回答以下几个问题。

我现在所做的事，是否是在为追求自己的人生价值而
努力？

此刻的我，是否是自己希望变成的样子？

在追求人生价值的过程中，我希望自己怎么做？

其实，追求人生价值不需要花费很大力气。比如，我希望成为一个好的伴侣，那么我需要做的不是天天给爱人打电话来表明心意，或者给对方买很多礼物，而是增进彼此的互动。实际上，那些一点一滴的互动远比口头上的爱意和礼物来得更重要。

穿越抑郁的正念之道

正念作为一种精神训练法，正在被越来越多的人所接受。一系列心理学临床研究也证实，正念就像冥想一样，对缓解抑郁有着很好的效果。麻省理工学院的乔·卡巴金（Jon Kabat-Zinn）教授开创了"基于正念的减压课程"（Mindfulness-Based Stress Reduction program，MBSR），牛津大学的马克·威廉姆斯（Mark Williams）教授等人开创了"基于正念的认知疗法"（Mindfulness-Based Cognitive Therapy，MBCT）。通过进行如上等一系列正念训练，参与者明显感到自己的压力变小了，抑郁也得到了缓解，记忆力显著增强，并且情绪化行为减少了。

相对于分辨情绪和想法的对与错，或者定义自己的想法，正念强调用一种有意识的、此时此刻的、不加评判的态度来感受自己的想法。前者很容易让我们产生抑郁的情绪，并且很难将注意力转移到其他地方，而正念让我们把意识聚焦于自己正在做的事情上，接纳自己的一切想法。

正念有很多种练习方法，也许刚开始时，我们并不能熟练运用它们。但随着练习的次数不断增多，我们可以在生活中随时随地进行练习，下面介绍几种常见的正念练习。

□ 练习

躯体扫描练习。请你找一个安静的环境，放松地躺下或坐好，将注意力集中在身体的各个部位，你需要按照从脚尖、脚掌、脚面、脚腕、小腿一直向上到头顶的顺序，仔细地体会身体每一个部位的感受，而无须刻意控制自己的身体。比如，去体会脚趾和地面接触的感觉，脚趾是热是凉、是松弛是蜷缩，还是没有什么特别的感觉。当发现自己的想法被其他事情扰乱时，我们需要温和且不加批判地把自己的注意力拉回到躯体扫描上。整个练习需要 15 至 20 分钟。

三分钟观察呼吸练习。当我们没有大段时间进行躯体扫描练习时，可以试着花三分钟时间来观察自己的呼吸。将注意力集中在自己的呼气、吸气之间，体会呼吸时气流经过鼻腔的感觉，体会胸部、腹部鼓起和收缩的感觉。不要有意识地控制自己的呼吸频率和深度，只需要对呼吸进行自然的观察。

吃葡萄干练习。将一粒葡萄干放在掌心，像从未见过它一样仔细地观察它的形状、色彩和纹路，用手指仔细地触摸它，感受它的质地，再去闻一闻葡萄干散发的香味。将葡萄干放入口中，接着用舌头去探索、咀嚼它，感受它在我们口中的位置，以及它释放出来的滋味。最后，咽下葡萄干，感受一下它是如何通过喉咙进入胃里。

除了葡萄干，我们也可以用正念的方式去品尝其他食物。

让汤姆和杰瑞帮你切断自动化反应

在童年阶段，如果听到有人说"汤姆和……"，那么我们就会脱口而出道"杰瑞"。在这种自动化反应的影响下，有的人在面对某些事情时会习惯于联想到最坏的结果。比如，有的人听到"考试"，就会联想到"失利"；有的人听到"意料之外"，就会联想到"危险"。面对这一问题，我们可以通过练习掌握思维阻断的技巧，将负面联想赶出大脑。

□ 练习

这个练习一共有三个阶段，分别是学习阶段、练习阶段和思维阻断阶段，我们在日常生活中已经完成了前两个阶段。也就是说，当你看到某个词语时会习惯性联想到另一个词语，此时我们的思维已经固化，举个例子。

鱼香……肉丝；

天狗……月亮；

阴天……压抑；

下雨……失落。

因此，这个练习的重点在于第三个阶段——思维阻断阶段，打破机械化的思维。当我们看到"鱼香"这个词时一定不要去想"肉丝"，看到"天狗"也不要去想"月亮"，并用这种思维依次完成对后面词汇的练习。

这是一个非常有效的抗抑郁练习。刚开始，我们可能会觉得有点难，但时间久了，那些被固化的思维就无法影响我们了。当我们学会了如何控制自己的想法，就可以在下一次抑郁情绪来袭时尝试使用这个办法，进而不再沉迷于那些令人悲伤的念头。

质疑自我批评的想法

在一些人的认识里，自我反省才是个体成长之道。如果我们不去反省自己，就会变得骄傲自满、目中无人，从而失去进步的机会。适当的自我反省确实可以帮助我们进步，但过度的自我批评则会让我们盯住自己的缺点不放。很多抑郁的人压根没有"人无完人"的概念，在他们的认知里，这些小失误正说明了他们有所欠缺。他们会因为自己"做了没做好"而自责，也会因为"没做应该做的"而难过，他们常常为了一些小事而全面否定自己。

过度的自我批评会让我们陷入抑郁的状态，因此我们需要特别留意想法中的负面词汇，比如，废物、愚蠢、一无是处、不讨人喜欢、不被需要等。当这些词汇与"总是""从不""应该""必须"同时出现时，会对我们造成毁灭性打击。

　　过度的自我批评会让我们罔顾事实，感觉自己糟糕透顶，妨碍我们的学习和成长。我们可以试着用"觉知—重新思考—行动计划"的方法，克服习惯性展开自我批评的问题（见表 3-2）。

　　表 3-2 中，"情绪和身体反应"一栏的分数代表了你的某种情绪到达了何种程度，如果分数过高，你就需要认真地思考自己正被哪些想法包围着；"自我批评的想法"一栏的分数代表了你对这些想法的信任程度，分数越高，表明该想法对你产生的影响越大；而"可代替的想法"一栏中的分数代表了如果该想法被实现了，将对自己的情绪产生什么样的影响力，分数越高，表明这个想法的实施越会让你的情绪产生更大的改变。

□ 练习

表 3-2　觉知—重新思考—行动计划法

日期	事件	情绪和身体反应	自我批评的想法	无价值行为	可代替的想法	行动计划
一	引起自我批评的具体事件	对情绪（如焦虑、抑郁、紧张）和身体反应（如心跳加速、手心冒汗）进行打分（0～10分）	根据让你相信的程度，对你产生的想法打分（0～100分）	产生这些想法后，你做了哪些无意义的事情	根据让你相信的程度，对该事件是否可以产生其他想法打分（0～100分）	根据可代替的想法，你能做什么事情

（续表）

日期	事件	情绪和身体反应	自我批评的想法	无价值行为	可代替的想法	行动计划
2021-10-27	领导公布了所有人目前完成的任务量，我只完成了80%，而大部分同事已经完成了全年的任务	失落（9分）抑郁（8分）自责（8分）心情低落（8分）无助感（7分）嫉妒（6分）	别人都能完成，只有我完不成，一定是因为我能力不足（100分）；为什么我没有拼尽全力，好好努力（80分）；我没有把全部心思放在工作上，总是三心二意（70分）	不理会同事的问候；把自己关在家里哭／想辞职	距离年底还有两个月时间，拼尽全力应该可以完成任务（90分）我负责的项目的合作方换了人，增加了沟通成本，难度较其他同事的项目更大，年初定任务的时候，领导没有考虑到影响因素（80分）	与领导沟通，任务量是否可以调节；请教完成得好的同事有什么秘诀；思考哪些项目更容易取得收益

十字护身符

下面这幅十字护身符将会帮助我们改变对自己的认识，从而在我们怀疑自我的时候能够给自己以力量（见图3-2）。

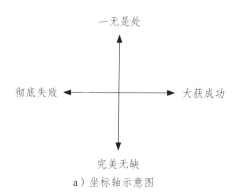

a）坐标轴示意图

图 3-2 十字护身符图

首先，我们需要在纸上画下代表是否成功的横轴和代表是否有缺点的纵轴（见图3-2a）。其次，根据自己的判断，写下一些人名。这些人可以是历史人物，也可以是新闻中的人物，甚至可以是我们的朋友，随后将他们的名字写在我们认为对应的位置上，如图 3-2b 所示。最后，我们需要在合适的位置写下自己的名字。

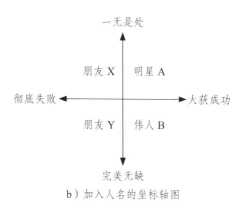

b）加入人名的坐标轴图

图 3-2　十字护身符图（续）

通过这个练习我们会发现，一个人能否获得成功与其是否有优缺点没有绝对的关系，一些即使是没有明显缺点的人也会在生活中遇到挫折，而同时，有很多缺点的人也可以获得巨大的成功。我们在写下自己的名字前，可能会有些犹豫。我们越坦诚，就会发现自己的名字越靠近十字护身符的中心位置，也就是说，我们的生活中还有很多其他东西，比如疑惑和差距。其实我们既不像自己想象的那样不幸，也不像自己期盼的那样幸福。

让人情绪稳定的苹果馅饼

图 3-3 将会帮助我们重新看待发生过的事情，让自己的情绪稳定下来。当我们学会用另一种视角看待人和事时，就会发现很多事情并不像自己想的那么绝对，也许最初的感受不总是对的，特别是当这种感受让人感到痛苦时。

□ 练习

首先，我们需要回忆一段让我们感到非常不愉快的经历，它可能是一段失败的感情，也可能是一项被搞砸的工作，我们认为自己应该为这件事负全责（见图 3-3a）。

a）"自己应负全责"的情况

图 3-3　"苹果馅饼"图

接下来，我们需要重新审视这件事，想一想是否有其他原因导致了悲剧的发生，以及它们在这件事中应该负多少责任。此时，我们会发现自己并不是那个百分之百的"罪人"，还有很多其他因素导致了事情的发生，比如天气、运气、朋友或合作伙伴等（见图 3-3b）。

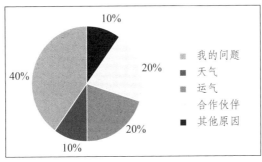

b）多因素导致事情发生

图 3-3　"多种因素"图（续）

像成年人一样思考

我们都希望自己能够控制事情的发展过程，也喜欢一劳永逸地解决问题，但有的问题，如与原生家庭相关的问题，并没有简单、合理、清晰的解释，这会让我们无从下手。如果一个问题没有清晰的答案，也就没有具体的措施可以对其加以防范，这时我们会把注意力转移到自己身上。我们会想："如果这个问题从外部找不到答案，那么问题一定出在我的身上；如果问题是由我造成的，那么它就能被找到、被解决。"这时，所谓的控制感产生了，与此同时，问题也从"如何才能避免这个问题再次发生"转变成了"我是怎么导致这个问题发生的"以及"我应该怎么做才能防止问题再次发生"。比如，童年经历过家庭暴力的人，长大后也会不停地对自己进行观察和批判，希望可以从自身出发，找到修复家庭关系的关键。

然而，这种思维模式并不能给我们带来长期收益，反而会令我们陷入抑郁。因此，我们要试着放弃这种令人郁闷的思维习惯，学会更加全面看待问题，学会拒绝以偏概全的想法。法国心理学家米歇尔·勒朱瓦耶在《落差：如何化解我们内心的失望》一书中提出了以下几种容易令人感到幼稚的想法，需要我们用更成熟的观点去看待（见表3-3）。

表 3-3 《落差》中提到的常见幼稚想法及相应成熟思维

令人郁闷的幼稚想法	令人愉悦的成熟思维
整体判断： 我是个失败的人 我这个人一无是处	多维判断： 我在某些方面是成功者，在另外一些方面是失败者
僵化的判断： 我总是这样	灵活的判断： 会有一些机遇让我产生变化
性格诊断： 我生来如此	行为诊断： 虽然这些情况会让我感到忧伤，但我可以做些什么来改变
不可逆性： 我永远也没法获得成功	可逆性： 任何事情都有转机

培养六个好信念

温斯顿·丘吉尔（Winston Churchill）曾经说："心中的抑郁就像只黑狗，一有机会就咬住我不放。"当抑郁跟在我们身后时，我们很容易产生以下四种反应。

劝自己想开一点就好了；

怀疑自己得了抑郁症，感到害怕；

感到羞耻和自责，不敢向别人寻求帮助；

试着进行自我调节，可没有作用。

然而，这样的处理方式会让情况变得更糟，回避、压抑并不是走出抑郁的好办法。每当我们对自己的状态多一些忽视、多一丝恐慌、多一份羞耻，抑郁情绪便会更加肆无忌惮地缠住我们。

想要走出抑郁，认知心理学奠基人亚伦·贝克（Aaron T. Beck）认为，以下六种想法可以帮助我们摆脱容易走向抑郁的想法，重新获得平静。

并不一定要把所有事情都做得很完美，才允许自己快乐；

我的人生需要家人、朋友和同事，但我没法做到让所有人都喜欢我；

我的价值不由其他人来评定；

观点与我不同的人并不讨厌我这个人；

如果我做错了什么事，并不代表着我是一个笨蛋；

　　我的人生需要恋人和工作，但没有它们，我也可以生活
得很好。

净化自己的社交圈

　　真正的朋友是好心情的催化剂，他们会尊重我们的意愿，而
不是试图控制我们的想法、支配我们的行为。他们不会嫉妒我们
的生活，不会计较我们的疏忽，不会试着扮演心灵导师来拯救我
们的人生。我们需要真正的朋友，同时远离那些总是让我们情绪
失控的朋友，因此我们要学会辨别哪些才是真正对我们好的朋友。
此外，我们在人际交往中，需要克服自己的心理障碍。比如不要
讨好别人，不要回避冲突，不要害怕自己不合群（见表 3-4）。

表 3-4　"真正的朋友"与"应放弃的朋友"类型对比

真正的朋友	应放弃的朋友
他们会让我们感到幸福	他们询问我们是否幸福

（续表）

真正的朋友	应放弃的朋友
他们有耐心让我们慢慢发现他们的优点	他们急于展示自己的所有优点，之后却让人越来越失望
他们会克制自己的欲望，尊重我们的想法	他们嘴上不说，却用行动将自己的想法强加于我们
他们不会让自己显得至关重要、必不可缺	他们为了获得我们的依赖而对我们关怀备至
他们对我们很宽容，允许我们有自己的人生	他们善妒、蛮横，要求我们时刻和他们保持联络
他们引发我们的思考，让我们进步	他们引导我们按照他们的思维模式思考
他们充满同情心，能尽量站在我们的位置思考问题	他们很自私
他们拥有清晰的边界感，不要不属于自己的东西	他们总是试图进入我们的边界，并且总想从我们这里获得一些好处
他们希望我们能做对自己有益却需要花费时间、精力的事，如锻炼身体	他们劝我们及时行乐，做那些看起来让我们快乐，实则有害身心健康的事

▶ 第四章 凡是过往皆为序章，
　　　　所有将来皆为可盼

FOUR

　　王思晔一直以来，都为自己的勇敢和前卫感到骄傲。她从小就是一个与众不同的孩子，当别人家的孩子还在循规蹈矩地遵守学校纪律时，她已经开始偷偷地穿不同颜色的袜子和鞋子来彰显自己的与众不同。成年后的她依然如此，她在大学学习的专业是会计学，毕业后，她的同学们纷纷进入了金融圈等行业做会计，而王思晔却在机缘巧合下成了一个时装模特。

　　王思晔的工作要求她时刻对自己的身材和仪态进行管理。虽然工作节奏很快、压力很大，但好在这份工作有着丰厚的回报。她对自己充满信心，虽然每次走秀都要面对观众严苛的点评，但她从来都不会为此而紧张，也不会对舞台感到害怕。要说这份工作最令她感到自豪的地方，就是每场演出她都能用自己专业的态度为观众带来精彩的表演。每天早上醒来，知道自己能继续给别人带来美的享受，对她而言是一件很美妙的事。

　　王思晔是一个很坚强的女生，她有着自己的坚守。然而，她的性格却给她带来过一段痛苦的经历。

　　其实刚开始，这件事也不是很严重。事情发生在一个周五的晚上，王思晔的车那天赶上尾号限行，她赶着去演出，又打不到出租车。无奈之下，她挤上了一趟地铁。当时为晚高峰阶段，地铁上的人异常多，可能他们大都是急着回家休息或者去商场过周末的人。王思晔生平第一次遇到了小偷，她感觉自己的耳机正一下一下地被人拽走。刚开始，她还以为是其他人的包勾到了她的耳机线。可后来，她觉得有点不对劲，因为她清楚地看到有一只手正慢慢地伸向她的挎包。她尖叫一声，这只手瞬间被收了回去。王思晔环顾四周，想找到这只手的主人，可周围人全都面无表情、茫然地看着她。

　　好在她没有丢东西，也没有受到人身伤害，但她却受到了不小的惊吓，以至于她在随后的演出中出了纰漏——穿着高跟鞋走台步时被绊了个趔趄。尽管同事们在知道事情的来龙去脉后，对她的遭遇表示理解，但她还是为此感到自责。

后来，王思晔为了参加和朋友的聚会，再次乘地铁出行，她突然感到自己的呼吸变得急促，脑海里还冒出了"小心周围的人，别再被小偷盯上"的想法。她呆呆地站在车厢里，此时，她发现自己正在审视周围人的一举一动，并且在脑海里上演一出又一出的情绪小剧场。她一边为自己在上一场演出中的事故感到懊悔，一边又为下一场的演出感到坐立不安。直到手机铃突然响起，朋友问她怎么还没到达约会地点时，她才从自己的想法中回过神来，猛然发现自己已经坐过了站，而且还迟到了。

为了避免自己再次经历同样的事，不再被同样的情绪所困，她想了一个办法——不在高峰时段坐地铁，即使这样需要提前两个小时出发。她也不喜欢这样，但相比再次想起让她感到心烦意乱的回忆，她宁愿这样做。

王思晔以为自己已经成功地摆脱了这一困扰，只要能远离高峰时段的地铁，就不会产生焦虑感。然而，出乎意料的是，她的脑海里产生了一系列连锁反应，每当想起地铁里拥挤的人群，她就会感到十分暴躁，甚至没有置身地铁站时也会如此。很快，事情发展到只要想起地铁，她的焦虑感就会直线上升。

于是，王思晔做出了第二个看起来很符合逻辑的决定——降低坐地铁出门的频率，并且减少演出的场次。她想既然仅仅是想起地铁里拥挤的人群就能让自己胡思乱想，并且联想起摔跤的尴尬经历，不如干脆躲在家里，这样就不会遇上什么糟心的事了。

然而，王思晔再次做了个错误的决定。虽然从逻辑上看，她是为了避免负面情绪的产生才不再坐地铁出行，可是这种行为并没有降低她的焦虑感，反而让她感到自己的生活在被焦虑感一点一点地吞噬掉。

每天早上醒来，想到自己已经很久没有为观众带来视觉盛宴，她便不再有成就感和幸福感。她的世界充满了安全感，但她同时也在被内疚感和无价值感折磨着。

王思晔为自己虚度光阴的行为感到羞愧，但其实，她的人生中还发生过许多微小的事，只是她当时没有察觉。比如，她丝毫没有留意过每一位观众的掌声和欢呼声、每一次和朋友的互动、每一个来自陌生人的微笑……这些曾经丰富了她人生的色彩。这些她从前习以为常的事，其实在她的生命中扮演了重要的角色，是她的养料。她离群索居、徘徊不前，被强烈的焦虑感笼罩着，她无法形容自己有多么怀念以前的生活，也不知道如何才能开启新的人生篇章，此刻的她连取个快递都感觉步履维艰。

就这样，一个勇敢又前卫的女孩竟然变成了孤僻、焦虑又自责的人。她否定自己的人生、质疑自己的决定，对自己因为小小的恐惧就丢掉了自信心，最终变成社交恐惧症患者而感到不解。即使她百般难受，却还是无法踏出离开房间的第一步。她是多么希望一切能够回到从前，多么希望自己从没有遇到过那个该死的小偷，多么希望自己没有在舞台上被绊了个跟跄！如果一切重来，她愿意用现在拥有的全部去换回曾经积极的生活。

两年后，王思晔经过专业的心理治疗，终于克服了种种心理障碍，重新站在了舞台上。看着后台镜子中绽放光芒的自己，她百感交集。面对记者的提问，她说了一句很有哲理的话："人如果不按自己所想的去活，就会按自己所活的去想。"

过去本非问题，却让我们沉迷

　　故事中的王思晔曾经不断被自己的回忆打到措手不及，那次地铁上的遭遇和表演事故一次又一次地闯入她的脑海，让她产生强烈的焦虑感。她用了很多自认为正确的办法试图赶走那些充满负能量的想法，然而，那些都是徒劳的。

　　心理学中有一个被用来描述我们脑海中的"不速之客"的专有名词——"闯入性思维"。闯入性思维是指那些非自主、反复出现、无规律地进入个体大脑的干扰性想法。在大多数情况下，闯入性思维是一个中性词，它的出现对我们没有什么影响。比如，当我们出门时，会突然想到"别忘了带手机"；当我们逛街时，会突然担心"孩子在家有没有写作业"；当我们上班时，会突然想到"早上忘了喝牛奶"等等。如果闯入性思维与焦虑、抑郁等负面情绪结合起来，就会对我们造成很大的伤害。

　　我们很难忘掉过去的悲惨经历。萦绕在身边的焦虑感、挥散不去的羞耻感、盘旋在脑海里的愤怒，都会让我们陷入对过去的回忆而不能自拔。糟糕的是，闯入性思维时常会在我们最不需要它的时候出现。比如，当我们准备进入考场时，可能会突然想起上次考试时，在交卷前的最后一刻自己改错了一道题的答案；再如，当我们准备参加面试时，突然想起自己上次被 HR 刁难的经历；又如，当我们准备和客户谈判时，突然想起上次开会时，自己因为发挥不好导致公司的利益受损。

那些让人感到焦虑、抑郁的负性事件之所以让我们刻骨铭心，归根结底很可能与过往的经验教训能够保护我们免受伤害有关，从进化心理学的角度来看，负性事件对人类的生存与进化有极大贡献。那些好了伤疤忘了疼的祖先，很有可能记不住自己吃了毒蘑菇会腹泻，所以当他再次看到毒蘑菇时又去品尝了一番，后毒发身亡了。

当然，这种保护机制有时是一把双刃剑，它在保护我们安全的同时，也可能会把我们"逼疯"。故事中的王思晔因为害怕再遇到小偷而躲在家里不敢出门，她的举动就比较偏激。

有趣的是，实验室里的小白鼠也能记住过往发生的负性事件，心理学家很早就通过实验证明了这一点。实验人员会在哨声出现时对小白鼠施加电击，如果小白鼠碰巧踩到了杠杆，电击就会停止。重复几次后，小白鼠学会了在口哨声出现后立刻去踩踏杠杆，以免遭受电击。

不过，小白鼠的行为也可能是受到了外部提示的影响。心理学家也想到了这一点，于是，他们对实验进行了改进。实验人员按照固定频率对小白鼠施加电击，而小白鼠只要在电击开始前踩踏杠杆就可以避免电击的发生。很快，小白鼠掌握了这一本领，它极其精准地按照固定的频率踩踏杠杆来保护自己。也就是说，小白鼠在根据自己内在的提示进行自我保护。说回故事中的王思晔，她的行为在心理学家看来，和小白鼠的自我保护行为相差无几。为了避免承受焦虑发作的痛苦，她躲在家里的行为就像小白鼠在踩踏杠杆。电击很痛，所以小白鼠学会了躲避，从某种意义上讲，记忆也是痛苦的，所以我们学会了逃避。

和过去纠缠让我们止步不前

除了痛苦的回忆，对那些不满足于现状的人来说，让他们感到骄傲、自豪的美好回忆也很容易成为他们逃避现实的理由，他们易停留在过去，止步不前。比如，你有一个 30 岁左右的女性朋友，她虽然渴望结婚，却一直处于单身状态，她总是和你抱怨如果自己当年没有和前男友分手，说不定现在的生活会好很多；再如，也许你见过在小区篮球场上打球的中年男子，身着高中时的球衣，滔滔不绝地和朋友们谈论着 20 年前的那一记压哨绝杀；又如，也许你见过一个在路边摆摊的人，不厌其烦地和旁人讲述自己曾经的"丰功伟绩"。

我们很容易假设，如果自己能回到过去，如果自己没有做那个决定，我们的人生会大不相同。也许我们会说，"如果我没有和前男友吵架，我早就拥有幸福的婚姻了""如果我高中时没有放弃打篮球，我已经是国家队主力了""如果我读书时用功学习，我现在就能上更好的学校"……可悲的是，我们的人生没有那么多

的"如果"，我们也无法得知改变我们当时的做法会对我们现在的
生活有什么影响。实际上，即使我们不遗余力，也无法改变过去，
于是我们每个人都只能在某个时刻情不自禁地幻想如果改变当时
的做法，现在的人生会不会变得更精彩。

摆脱过去的束缚

在开车时，我们的视线如果一直集中在后视镜上，那么就无
暇顾及前方的道路。同样地，把时间浪费在回忆过去上也限制了
我们前行的脚步。对过去念念不忘，并不能让我们成为更好的自
己。相反，停留在过去会让我们无法享受此时此刻的生活，无法
制订清晰的人生规划，无法解决任何问题。

此外，回忆过去也会给我们的情绪造成很大影响。一方面，
对悲惨经历的回忆会唤起我们的负面情绪。心理学家发现，抑郁
的想法让我们变得更加消极悲观，举个例子，如果我们在与人交

往中，连续被几个人否定了自己的想法，我们就会认为全世界都在否定自己。另一方面，我们会在潜意识里美化自己幸福的记忆，从而夸大过往的美好生活，放大现实里的不幸。你如果想要挣脱过往的束缚，可以试试下面这几种方法。

拔河比赛

我们可以把自己的想法看成拔河比赛中的两支队伍——红队和白队，红队代表积极的想法（如开心和自豪），白队代表消极的想法（如焦虑和抑郁）。就像拔河比赛一样，我们总希望有一方能够获胜，希望积极的想法（红队）能够将绳子一点一点地拽过去，最终打败消极的想法（白队）。

但这样做会产生一个问题，那就是我们越不让自己想什么，就越容易想起什么。就像心理学中经典的白熊实验一样，实验人员越不让被试想起一头白熊，被试脑海中的白熊形象就会越清晰。也就是说，积极的想法越是拉扯这条绳子，消极的想法就会变得越强烈，比赛似乎永远不会结束。

但如果我们不去进行对垒，不把自己看成红队或白队，只是把自己当成这根绳子呢？如果是绳子，我们便不会对这场纷争感兴趣。绳子存在的意义只是承载这些想法，如果没有绳子，想法便没有载体。从绳子的角度来看，想法是积极也好，是消极也罢，它们都只是我们的想法而已，哪一方获胜都无所谓。当我们学会用这种超然的态度来看待自己的想法时，很多烦恼都会烟消云散。

反驳并重新评估非理性的闯入性思维

当闯入性思维出现时，我们可能会想"这个想法很重要，所以我需要一直盯着这个想法""这个想法肯定不是空穴来风，它的出现一定说明了什么""这个想法或许暗示了我什么，所以我需要提前做好准备"。如果我们将这些想法视为大脑对自己保护，就很难卸下这层保护罩。因此，我们需要反驳并重新评估这些非理性的想法。当我们发现这些想法其实毫无依据时，就会更容易地接纳它们，继续过好自己的生活（见表 4-1）。

表 4-1　反驳并重新评估理性想法

有问题的闯入性思维	反驳	健康的想法
这个想法很重要，所以我需要一直盯着这个想法	没有必要这样做，闯入性想法只是一个简单的想法	我允许这个想法存在，但我会正常地生活
这个想法肯定不是空穴来风，它的出现一定说明了什么	想法只是想法，并不能说明什么问题	这个想法就像路边的广告牌，我不需要给它过多的关注
这个想法或许暗示了我什么，所以我需要提前做好准备	可以试着计算自己的想法在过去成功地预测未来的次数。未来如何发展，本质上并不取决于我们的想法，所以我们无须为没有任何依据的想法采取行动	我没有必要对一个没有依据的想法付诸行动

觉察对自我想法的评价

对自我想法的评价有时就像想法本身一样，会在不知不觉间出现在我们的脑海里。比如，"这个想法让我感觉很好，我可以留下它"或"那个想法让我感觉很难堪，它必须从我的脑海里消失"。当我们能够觉察我们对自我想法的评价和情绪化反应时，我们就可以迅速意识到自己的大脑正在经历什么，从而跳出想法和情绪的自动化反应，对想法和情绪保持中立的态度。

首先，让我们拿出一张纸，并在纸的正面写下我们今天产生的一系列积极想法（如"我今天完成了一项艰巨的任务"），在背面写下我们今天产生的一系列消极想法（如"我对读书时没有好好学习感到后悔"）。

其次，将这张纸放进口袋里。每当我们看到这张纸时，就随意念出纸上的一个想法，留意自己的想法、情绪以及行为。我们是否对这个想法感到欣喜或难过？我们是否想要撕碎这张纸？我们是否想把这张纸上写有积极想法的那一面朝外放，这样就能在下一次拿出纸的时候，先看到积极的想法？

最后，欣然接纳自己的反应，然后继续做自己的事。对自我想法的评价其实只是一种被我们附加了评价的想法。事情本身并不会对我们造成伤害，伤害我们的往往是我们对这些事情的想法。

当我们能够不对自己的想法加以评价，让脑海中的想法自由来去时，我们就能够彻底摆脱消极情绪，踏出获得自由的第一步。

人生线路图

如果我们总被过去发生的事情所束缚，那么无论这件事是好还是坏，都会阻止我们前进的脚步。这时，不妨给自己画一幅人生路线图，好好分析一下，这样的人生究竟是不是我们想要的。

首先，写自传。将我们人生中重要的事件写下来，无论这件事是好还是坏。也许这件事左右了我们的选择，也许它让我们记忆犹新。

其次，用量化尺绘制自己的人生路线图。在人生路线图上，不同的年龄段会有着不同的时间间隔，请根据自己的年龄选择合适的人生路线，并在上面标注出我们经历的重要事件（见图4-1）。

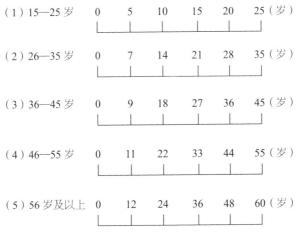

图 4-1　人生路线图（分年龄阶段）

举个例子，假如你今年 35 岁，那么，你可以选择人生路线（2），并在上面标注重大事件发生的时间、地点、人物和经过，尽量将这些内容浓缩成一句话。

7 岁时，我第一天上学，一切都是那么美好；

9 岁时，我的父母离婚了；

14 岁时，我凭借优异的成绩考入了重点高中；

18 岁时，我高考失利，没有考上理想的大学；

21 岁时，我和喜欢的人分手了；

23 岁时，我找到了自己喜欢的工作；

28 岁时，我和自己的爱人出国度蜜月；

32 岁时，我的宝宝出生了。

最后，绘制出完整的人生线路图。我们可以以出生时间为原点，以时间为横轴，以状态为纵轴，用幸福状态、亚健康状态和疾病状态将人生路线图分成三个区域，将重要事件当作坐标点标入路线图，并将所有坐标点连线（见图4-2）。

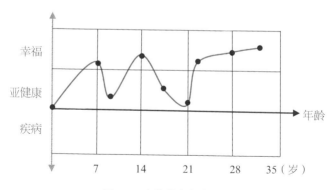

图 4-2 完整的人生路线图

如此一来，我们就绘制出了一幅属于自己的人生线路图。通过这幅图可以看到，我们的人生就像潮水一般起起伏伏，尽管曾经有不愉快的事情将我们拖入谷底，但也会有幸福的事情将我们带回良好的状态。如果在绘制过程中又想起了什么新的重要事件，我们可以随时修改人生线路图，这个过程也是重构自己人生时刻的过程。总而言之，对自己的前半段人生进行总结，可以帮助我们更好地看待未来。

保险箱技术

当我们总是不由自主地陷入对某个特定事件的回忆时，可以试着想象自己的脑海中有一个保险箱，它被专门用来尘封这段自己暂时没有能力处理的回忆。

首先，请想象一下，一个保险箱出现在我们的面前。然后，仔细观察这个保险箱的大小、颜色、厚度、材质，以及门锁、钥匙的样式。如果我们感觉这个保险箱还不够安全，可以在脑海里将其改造成可靠的样子。

其次，请打开保险箱，将这个我们暂时还不愿处理的回忆放入其中。我们可以在想象中，把这段故事用隐形墨水写在纸上，装进信封里；也可以将其拍成一张张照片，需要的话，可以用黑白照片的形式去呈现这段过往；或者是把它录成一部无声电影，再将录像带倒回最初的位置。

最后，锁好保险箱，并将其沉入海底。

限制自己陷入回忆的时长

尽管笔者一直强调，陷入回忆是一件毫无用处的事，但结合实际情况来看，我们也确实需要一个梳理事情经过的过程。因此，与其拼命压制我们的记忆，倒不如给自己一段时间放松、坦然地去回忆整件事情。比如，我们可以告诉自己："我准备在洗澡的时候想这件事"，那么，在洗澡时，我们就可以想象这些烦恼都随着水流走了，澡一洗完，我们就收拾好心情，去做其他事。

此外，当我们在一直为某件事感到心烦意乱时，可以试着将注意力转移到其他令我们有所期待的事情上。举个例子，如果我们一直想着考试时某道题没有做对，甚至睡眠因此受到了影响，不如好好想想暑假打算去哪里玩个痛快。

为自己规划一个美好的未来

当我们沉浸痛苦的回忆中时，是没有时间为未来做打算的。反过来也一样，当我们为自己计划将来时，也就没有时间沉溺于过往。需要注意的是，在为自己规划未来时，我们最好将短期目标和长期目标结合起来，并且设置一些具体的执行步骤，给自己制订一份切实可行的执行计划。

回忆过往时应注意的事项

如果我们发现自己被困在了回忆里，不妨从以下几个方面着手试着做出改变。第一，将注意力集中在我们从这件事能得到哪些经验教训上。我们要接受事情已经发生的事实，所以请不要一味抱怨，为什么这件事偏偏降临在我们头上，而要去思考，通过这件事我们获得了哪些成长。也许我们从别人的忽视中体会到主动表达自己想法的重要性，也许我们从一段关系的破裂中了解到沟通的重要性，也许我们从孤单的经历中明白了独处的好处……我们的成长正是源自挫折过后对经验的积累与总结。

第二，换个角度看待问题。"一千个读者心中就有一千个哈姆雷特"，同样的故事也可以有很多个版本。如果我们站在其他当事人的角度看待这件事，或许会有不一样的感受和收获。

第三，关注事实，而非情绪。举个例子，故事中的王思晔可以在回忆这次意外时，把注意力放在事件的细节上。比如，事发当天，她的衣着，拿的包，地铁里的人的特点等。当我们能够把情绪和事情分离时，情绪对我们产生的影响就会大打折扣。

第四，学会原谅。一方面，与其对那些伤害过我们的人耿耿于怀，倒不如选择原谅。当然，这并不是说我们要忘记这些事情，而是要让自己获得解脱。我们可以在原谅的同时，与对方不相往来。另一方面，如果是我们伤害了别人，我们应努力改正自己的错误，修复双方的关系。

第五，寻求专业的帮助。创伤性事件会给我们带来很大的伤害，影响我们的正常生活。如果我们很难靠自己的力量与过去和解，最好去求助心理咨询师或心理医生，他们能够提供更为专业的帮助。

挣脱过往经历的束缚并不意味着要假装什么事都没有发生过，而是我们应坦然接纳自己的经历，拥抱过去的自己，从而更好地享受此时此刻。与过去和解可以帮助我们释放内心积压的消极能量，避免它们像洪水一样将我们吞噬。要知道，我们的未来取决于"我们是谁"，而非"我们曾经是谁"。因此，放得下过去，才接得住未来。

▌第五章　别把自己关得
那么紧

FIVE

请试着想象以下几种场景，看看哪个最能让你感到恐惧。

• 情景 A

　　早高峰的电梯里挤满了人，你还没来得及按楼层键就被人流推到了电梯最内侧。眼看着一个个陌生人进入了电梯，你心里祈祷着恰好有人能去你单位所在的楼层，却没有如愿。如果再不开口喊人帮你按键，电梯就会错过你要去的那层，而你也会迟到。

• 情景 B

　　来到陌生的国家旅游，当地的公交车需要乘客说"下车"才会停车，不然不会在站点停车。你已经喊了两声"下车"，可司机还是没有听见。

• 情景 C

终于等到高考结束，经过了一个暑假的休息，你迎来了大学的新生活。没想到，刚入学第一天，班主任就组织进行团队建设，希望大家能尽快熟悉起来。团建的第一个活动是你从小到大最讨厌的击鼓传花，恰巧上一名同学的表演获得了满堂彩。眼看着花就要被传到你的手中，鼓点的节奏越来越快，你的心都快跳到嗓子眼儿了。

经调查，上述场景会使社交恐惧症患者产生深深的恐惧感。那么社交恐惧症患者会有哪些特点呢？网上流传的一句话很好地反映他们的状态——"我参加的一个社交恐惧症患者互助群终于解散了，因为没有人肯在群里发言"。2015 年，日本媒体曾报道，在 20 岁左右的年轻受访者中，约有 7% 的人曾为了避开应酬而选择躲在卫生间里一个人吃饭。然而，我们无时无刻不在社交，就连健身、听音乐、读书都会有 App 让我们分享爱好和品位，这让社交恐惧症患者无处可逃。

社交恐惧症患者的内心就像一座壁垒森严的城堡，只有顶部开了几扇窗子。城堡的拥有者很少与外界沟通，他们总是躲在城堡里，偷偷审视那些前来拜访的人。每当有人突破界限，试图进入城堡，他们就会觉得高墙上出现了裂缝，他们的秘密会被窃取，这时他们会尽可能简化自己的需求，尽量保护自己的个人空间。

纵使他们胸中有沟壑万千，脸上仍波澜不惊。他们总是与社会保持着距离，并且对那些让他们置身于众目睽睽之下的情境非常敏感。他们害怕被人看穿自己的怯懦，害怕别人无缘无故地接近，害怕别人对自己有积极的期待，更害怕被人肆意评判，他们喜欢的是那种不干预、不参与、不涉及的状态。

心理学对社交恐惧症的定义是一种对社交或公开场合感到强烈担心、焦虑和恐惧的精神疾病，社交恐惧症也叫社交焦虑症。有的人认为社交恐惧在程度上会比社交焦虑更强烈一些，但其实心理学家不会对二者刻意进行区分。

需要注意的是，不要因为自己在社交时感到紧张，就轻易地为自己贴上社交恐惧症的标签，我们可能只是一个对社交感到恐惧的正常人，比如性格偏内向、害羞，但远没有达到"症"的程度，而社交恐惧症则是一种对人际交往感到强烈焦虑的精神障碍，其持续时间通常在 6 个月以上（见表 5-1）。

表 5-1　内向、害羞与社交恐惧症的区别

项目	内向	害羞	社交恐惧症
是否对社交感到焦虑	不焦虑或轻度焦虑	中度焦虑	严重焦虑
是否对社交感到恐惧	不恐惧	轻度恐惧	重度恐惧
是否会逃避社交	不会逃避	有时会逃避	总是逃避
是否对生活产生影响	无影响或轻度影响	中度影响	严重影响

社交恐惧症有哪些影响

躯体化反应

　　社交恐惧症患者在进行人际交往时可能出现很多躯体化反应，比如面红耳赤、心跳加快、手心出汗、身体颤抖、头晕目眩、身体僵硬或腿脚发软等。害怕社交引起的身体变化反过来会让社交恐惧症患者更加害怕社交。

认知

社交恐惧症患者在面对人际交往时会产生一系列的负面认知，他们甚至会趁着夜晚辗转反侧的时候开"一人反省会"。

在社交前，他们会担心："如果对方看出来我的紧张不安怎么办""如果我不知道该怎么接话，会不会显得很蠢"。

在社交过程中，他们会想："我那样说是不是不太好""那个人打了个哈欠，一定是因为我说的话太无聊了"。

在社交结束后，他们会对自己感到不满，并且认为："对方肯定对我感到厌烦，这该如何是好""如果真的是那样，那我可太过意不去了，好想原地消失啊"。

这些让人感到焦虑不安的想法将加重社交恐惧症患者的焦虑情绪，从而让他们更加抗拒社交。

行为

社交恐惧症患者会出现回避行为和强迫行为。回避行为包括找借口不参加社交活动；不敢与对方对视，目光总是游离不定；喜欢躲在没有人的角落里；常找借口提前离开社交场合。强迫行为包括在迫不得已的情况下硬逼着自己进行社交。在经历了浑身不舒服、心跳加速、语无伦次等情况后，他们会产生强烈的挫败感，并且再次出现回避行为。因此，社交恐惧症患者很容易陷入"社交恐惧—回避—强迫自己社交—受挫—更加恐惧社交—全面否定自我"的恶性循环。

情绪

社交恐惧症患者会感到紧张、焦虑、担忧、恐惧、自卑、自责、悲伤。此外，加州理工大学的研究人员发现，长期回避社交会改变一些大脑分泌的神经化学物质，使人们变得更敏感、胆小、易怒，且更容易出现压抑、注意力分散等情况。

对他人情绪的觉察能力

心理学家通过研究发现，社交恐惧水平越高的人，越容易察觉其他人的情绪从积极向消极转变的过程。研究人员希望探索当经历被拒绝和被排斥的情况后，社交恐惧水平高的人觉察他人情绪的能力是否与焦虑水平一般的人有区别，因此他们设计了一个三人在线抛球游戏。游戏中，被试与另外两个参与者（其实是研究人员）互相传球，但另外两个人互相传球的次数远高于传给被试的次数。研究发现，在经历了被拒绝的情形后，社交恐惧水平高的人群能够更敏感地觉察他人的情绪正从积极转变为消极。

为什么会患上社交恐惧症

性格特征

自卑者及低自尊者、高敏感人群、完美主义者和内向者都是社交恐惧症的高发人群。

第一，自卑者及低自尊者做事总是缺乏自信，认为别人都看不起自己，担心自己的言行会引起别人的厌恶，从而易在社交时感到焦虑。

第二，高敏感人群因为善于觉察他人的态度，总是会在心里揣度对方的想法，过分放大环境中的消极因素，从而易在社交时感到焦虑。

第三，完美主义者总是过度强调自我控制，他们对自己的言行举止要求极高，非常在意别人的眼光，容不得自己在他人心中的形象有一点瑕疵。然而，不可能每一次的人际交往都是完美的，但这会让完美主义者产生挫败感。因此，在对完美的追求和挫败感的夹击之下，他们开始否定自我，从而在社交时感到焦虑。

第四，内向者由于喜欢独处，常常主动将自己与他人隔绝开来。这使得大家给内向者贴上了"不善社交"的标签，时间久了，内向者也会这样看待自己，这就为社交恐惧症的产生提供了条件。加上内向者在经历不愉快的社交活动后往往很难恢复平静，会更加害怕社交。

社交处境

除了性格等内部因素，社交处境等外部因素也会导致人们产生社交恐惧。也就是说，人们的焦虑程度大致取决于交往的对象和当时的情境。比如，有的人在面对自己喜欢的人或者比自己优秀的人时，容易感到紧张；有的人在面试时，觉得面试官掌握着自己命运的走向，在对话过程中很容易感到焦虑；还有的人在与他人第一次见面时容易紧张，担心自己没有给对方留下完美的第一印象。

切记，如果只是某个人或某个特定的场合让我们感到紧张，我们可以试着思考一下这个人或这个场合是否对我们有着特殊的意义，但不要过度责备自己，也不要把这种感觉泛化。

家庭影响

心理学家发现，人们在人际交往中的相处模式是在重复其童

年时与父母的关系模式。也就是说，除了遗传学因素，人们的成
长环境也会对其是否会患上社交恐惧症产生影响。首先，父母的
一言一行会给儿童起到示范作用，如果孩子看到患有社交恐惧症
的父母总是回避社交活动，会下意识地认为社交不是一件令人感
到愉快的事，孩子也患上社交恐惧症的概率将增加。其次，父母
对孩子的过度保护和干预限制了孩子参加社交活动的机会，从而
导致孩子缺乏社交技巧。最后，父母对孩子的严格要求易使孩子
形成高敏感的性格特征，有的父母总是批评孩子，这会影响孩子
对自身的评价，认为自己不如别人，别人都瞧不起自己，从而在
人际交往过程中变得非常敏感，甚至战战兢兢。

失态的经历

过去经历的社交失败可能给我们留下了深刻的印象，使我们
一遇到类似的情境就会感到紧张。比如，在一次相亲时因打翻水
杯而引起对方的不满，从那以后，我们一遇到相亲的场合就会害

怕自己再次打翻水杯，甚至泛化到害怕相亲这件事。这就像我们往墙上泼一杯水，水流会在墙上留下痕迹，当我们再次向墙泼水时，水会自然而然地顺着原来的痕迹向下流。

如果我们想改变自己已经形成的自动化反应模式，我们可以使用一个很好的办法，就是不断地去主动经历那些会让我们感到紧张的场景，最终建立新的反应模式。这就像当我们往墙上泼更多的水时，水流会开辟出新的道路。

错误信念

有的人期望自己在与人相处时能表现得十分完美，夸大社交中的挑战，因此在与人交往时总是小心翼翼、紧张不安。有的人对情绪缺乏正确的认知，将正常的情绪误认为是异常的，焦虑感也会加重。还有的人把自己视作宇宙的中心，认为所有人的目光都集中在自己身上，当自己的表现不完美时，就会十分自责。

心理学家通过一个有趣的实验证实了这一点。实验人员在十名被试的脸上画上了逼真的疤痕，让被试用镜子观看自己的面容。之后，实验人员收走镜子，并且声称其想让疤痕更持久，所以需要涂抹一层特殊的粉末，实则在这一过程中擦掉了疤痕。实验人员带着被试去了各大医院的候诊室，让他们装成需要被治疗的患者，并且要求被试观察其他人的反应。几乎所有被试都声称候诊室里的其他患者对自己很不友好，他们总是盯着自己脸上的疤痕，甚至不愿意坐在自己的身边。

此外，注意偏好也是负面信念产生的一个重要原因。也就是说，有些人总觉得自己不够好，担心自己在人际交往时出洋相，所以他们在社交时会对别人的反应特别敏感，将注意力都放在对方身上，并且总是放大对方表现出来的消极反应，而对积极信号视而不见。

注意偏好容易导致三个问题。一是会夸大负面信息，比如，我们感觉自己拿演讲稿的手在不停发抖，其实并没有人注意到这一点，但我们会因此认为自己很没用。二是我们会将全部的注意力都用在观察自己的紧张状态上，反而忽视了真正想说的内容，导致洋相频出。三是我们担心的事果然发生了，负面预测得到了验证，于是我们的负面信念进一步被巩固。

缺少社交技巧

很多人从小受到父母的严格管教，将主要精力用在学习上，失去了很多锻炼自己社交能力的机会。他们缺乏社交技巧，不知道怎么才能更好地与人沟通，于是在人际交往中束手无策。俗话说："想要学会游泳，必须先下水。"同样地，如果要克服社交恐惧，也需要从实践做起。

社交恐惧症的类型及其缓解方法

视线恐惧

视线恐惧是指个体在进行社交活动时，无法正常地与他人进行眼神交流，其问题根源在于个体过于介意这件事，而无法自然地展开社交活动。视线恐惧可以被分为对视恐惧和余光恐惧。

对视恐惧是指不敢直视对方的眼睛，如果勉强和对方对视，会感到大脑发蒙、心跳加速。造成这种现象的原因有两种，一种是有的人认为自己的眼神很犀利，不够柔和，直视对方会让其难堪；另一种是有的人会过度且负面地解读别人的眼神，一方面觉得对方会看穿自己的想法，另一方面觉得对方的眼神中充满了对自己的反感和仇视。

余光恐惧是指当个体正视前方时，自己总会被余光中的事物吸引，控制不住地关注那些不该关注的事物，无法集中注意力。个体过于关注自己的目光，从而无法与他人进行正常的眼神交流。比如，有的人在读书期间因为患有余光恐惧，无法在课堂上专心听讲，便会采取在课桌上摆两堆书的方式防止自己的视线被分散。

赤面恐惧

赤面恐惧是指个体在社交活动中，感觉自己脸颊发红、发热，并且他们怕被别人发现，会变得更紧张，恨不得把自己的脸挡起来。其问题根源在于个体害怕别人看出自己正脸红，所以不允许自己脸红，这反而会让他们感到更紧张，更加无法控制自己的脸变红。

表情恐惧

表情恐惧是指个体在社交活动中，害怕自己的表情不自然，并且害怕别人反感自己的表情。其问题根源在于个体太过于介意自己的表情状态，担心引起别人的不适，于是在社交中表情僵硬、面部颤抖，无法进行正常的社交活动。

口吃恐惧

口吃恐惧是指个体在社交活动中害怕口吃，对自己的口吃耿耿于怀，并且认为他人也很介意自己的口吃，于是无法通顺地讲完一句话，甚至产生逃避社交的行为。然而，有口吃恐惧的人不一定就是有口吃的人，他们在独自一人时往往不会出现口吃的现象。

异性恐惧

异性恐惧是指个体既渴望和异性接触，又害怕和异性交流。产生异性恐惧的原因有以下几点：一是没有自信，特别是对自己的外貌和个人魅力没有自信；二是与异性接触较少，或者有过一段比较失败的与异性交往的经历，如失恋等；三是在成长过程中，没有接受过正面的性教育，对性有着歪曲的认识。

权威恐惧

权威恐惧是指个体总是回避与权威人士打交道，他们无法与领导、长辈或能力比自己强的人进行正常的沟通交流，如果社交活动实在无法避免，他们就会有手心冒汗、不敢正视对方的紧张表现。权威恐惧的产生，一方面与个体的自卑心理有关，太过于介意别人的评价，尤其希望得到权威人士的肯定，于是他们会在与权威人士的交往中变得患得患失、紧张不安；另一方面与个体的过往经历有关，比如曾被老师训斥，当时没有调整好心态，留下了心理阴影，之后再面对老师时便会条件反射般地产生紧张的情绪。

演讲恐惧

演讲恐惧是指私下里说话滔滔不绝的人，一站到讲台上发表演讲（或者当着众人的面说话）时，会立刻变得紧张不安、磕磕巴巴。有演讲恐惧的人很多，这是因为有的人把演讲看得很重要，有的人很在乎听众对自己的看法，还有的人过去有过失败的演讲经历。

未知情境恐惧

未知情境恐惧是指个体对突然出现的社交情况感到恐惧，如出去逛街，偶然遇到同事；单位开会时，突然被领导叫起来发表看法。当我们无法预知事情的进展时，会很容易感到紧张不安，这是正常的。但有些人，特别是缺乏安全感、掌控欲强和自我评价过低的人，往往只能接受熟悉且可预测的情境，极度排斥不确定性，很容易对未知情境产生焦虑感和恐惧感，并且会出现一系列消极行为。

8 种缓解社交恐惧的方法

一念之转

想法只是想法，不是事实。转念的一瞬间，有时会改变我们的整个人生。畅销书作者拜伦·凯蒂（Byron Katie）在她的作品《一念之转》中提到了四句话，能够帮助我们在遇到负面评价时进行反向思考，理清思绪，从而化解自己的负面情绪。我们可以将这四句话融入具体案例来看，比如，当我们觉得某个人不喜欢自己时，我们可以这样想（见图 5-1）。

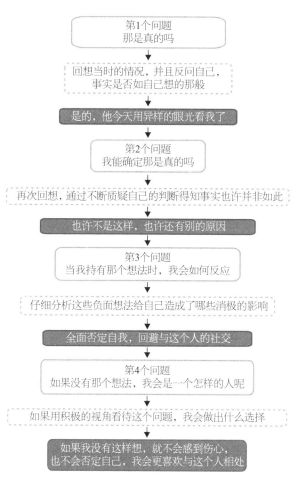

第1个问题
那是真的吗

回想当时的情况，并且反问自己，
事实是否如自己想的那般

是的，他今天用异样的眼光看我了

第2个问题
我能确定那是真的吗

再次回想，通过不断质疑自己的判断得知事实也许并非如此

也许不是这样，也许还有别的原因

第3个问题
当我持有那个想法时，我会如何反应

仔细分析这些负面想法给自己造成了哪些消极的影响

全面否定自我，回避与这个人的社交

第4个问题
如果没有那个想法，我会是一个怎样的人呢

如果用积极的视角看待这个问题，我会做出什么选择

如果我没有这样想，就不会感到伤心，
也不会否定自己，我会更喜欢与这个人相处

图 5-1　《一念之转》中的四句话应用于人际关系

顺其自然，为所当为

日本心理学家森田正马（Morita Shoma）发明了森田疗法，强调"顺其自然"和"为所当为"，对于缓解社交恐惧非常有效。它能帮助人们学会与社交恐惧症和谐相处，尊重现实、接受现实的，不去过度关注自己的症状，最终帮助人们进行正常的社交活动。

首先，森田疗法强调珍惜当下，注重现实。社交恐惧症患者总是将自己的注意力放在过去失败的社交经历上，这让他们无法迈出通向新生活的第一步。森田疗法认为，我们在社交中出现的某些问题其实是偶然的，我们无须将过多的精力投入其中，而应该尊重"现实原则"，将注意力放在当下。

其次，森田疗法强调顺其自然，接纳情绪。就像我们在感冒时会鼻塞、咳嗽一样，社交恐惧症患者也应该学会把脸红、出汗等症状看作自己在社交时出现的自然状态。因此，当这些问题出现时，我们要学会接纳这些症状，与负面情绪和平共处，继续过好自己的生活。

最后，森田疗法强调为所当为。社交恐惧症患者总是"想得多，做得少"，然而逃避并不能解决问题。就像我们不能因为生病时身体感到不适就不吃饭、不睡觉一样，社交恐惧症患者也不能因为紧张不安就逃避正常的人际交往。脸红就脸红，害怕就害怕，但该出门还是要出门，该发言还是要发言。当我们把注意力集中在自己所参加的活动上，就可以避免过度内省，这些症状也会在不知不觉中得到缓解，而且行动所带来的成就感也会帮助我们进一步打败恐惧。

当社交恐惧症患者学会放眼当下，顺其自然，为所当为时，自己的想法和情绪就会朝着更积极的方向发展。

循序渐进地改变——系统脱敏法

20 世纪 50 年代，美国心理学家约瑟夫·沃尔普（Joseph Wolpe）开创了系统脱敏法（又称交互抑制法）。系统脱敏法的工作机制是让患者一步步地暴露于导致其焦虑、恐惧的情境中，然后通过放松训练来缓解焦虑的情绪，最终消除焦虑或恐惧情绪。

简单地说，它通过施加与焦虑、恐惧相对立的刺激——放松，引导患者逐渐接近自己害怕的事物，直到患者不再对该事物感到焦虑和恐惧。总的来说，系统脱敏法对治疗社交恐惧症有很好的改善效果。

系统脱敏法的具体操作步骤如下。

首先，让我们在纸上列出所有让我们感到害怕的社交事件。如害怕和人发微信，害怕接电话，害怕和人进行面对面的交流，害怕和权威进行对话，害怕在公众面前发表自己的想法……然后，请根据自己对这些情境的害怕程度对其打分，0 分代表很放松，100 分代表极度害怕。

然后，针对每一个情境进行放松练习。从评分最低的场景开始，想象自己正处在这个情境中，并且进行放松练习。当我们对想象这个情境不再感到害怕，或者害怕程度在 10 分以内时，我们就可以进行实操，也就是真的进入这个场景。当我们不再对这个情境感到害怕以后，就可以向评分更高的场景推进，直到我们不再害怕正常的社交。

需要提醒的是，我们在练习时产生紧张和害怕的感觉是非常正常的事，切不可因此而放弃。当我们循序渐进地做出了一些改变时，便可以及时奖励自己，相信总有一天，我们可以战胜社交恐惧症。

从 0 到 1 的改变——暴露疗法

想要克服恐惧，首先要正视恐惧，回避恐惧情境只会进一步加深萦绕在心头的恐惧感。将患者暴露在恐惧情境中，切断其已经形成的某特定情境与焦虑、恐惧之间的联系，同时建立新的联系，可以让患者在该情境中逐渐感到放松。

暴露疗法（也称满灌疗法）就是基于这样的原理被设计出来的，它是一种直接让患者进入最让其感到焦虑、恐惧的情境中的方法。也就是说，暴露疗法的关键在于让患者置身恐惧的情境，并且激发其恐惧的情绪，然后让其感受这种情绪、接纳这种情绪。心理学临床结果证明，暴露疗法可以快速改变患者对情境的错误认知，并消除其由情境所引发的消极反应。

暴露疗法被分为想象暴露和实景暴露。想象暴露即鼓励患者在脑海中想象最让他感到焦虑、恐惧的情境的细节。在反复刺激下，患者会出现心跳加快、呼吸急促等生理反应，但当患者意识到自己害怕的事情并没有发生时，情绪化反应就会消退，从而患者不再对该情境感到焦虑、恐惧。实景暴露即将患者直接带入令他最恐惧的情境，当他发现这个情境对自己其实并没有什么威胁时，也就不会再逃避了。

需要注意的是，暴露疗法会引起患者较强的生理和情绪化反应，因此，治疗全过程最好在专业人士的陪伴下进行。

打造社交"金钟罩"，屏蔽过度刺激

如果在与人相处时感到紧张，那么过多的社交活动对我们而言只会是一种消耗，我们需要很长时间才能恢复常态。因此，打造社交"金钟罩"，让社交活动不要超过自己能接受的程度范围，是一种非常恰当的做法。若使用了这一方法，一方面，我们可以提高自己的社交质量，将主要精力用在那些值得交往的人或事上；另一方面，当我们已经进行很多社交，并且感觉身心疲惫时，可以戴上耳机，戴上墨镜，为自己打造一个"与世隔绝"的空间，屏蔽过度的刺激。

培养自信心

人们通常会把自卑当作缺点，但其实自卑不完全是坏事，适度的自卑可以激励我们，让我们努力追求卓越，从而收获更好的自己。我们不需要完全消除自卑感，而是要学会坦然接受自卑感的存在，我们可以用"三个我"的方法试着从更多的角度看待自己、认识自己，不再因为别人的一两句批评而否定自己的价值（见表5-2）。

表 5-2 "三个我"自评量表

项目	本人眼中的我	他人眼中的我	理想中的我
相貌			
学识			
工作			
家庭			
性格			
人品			

学习一些社交技巧

赞美是打开社交局面的好方法。当我们找不到话题又不得不和对方应酬时，可以试着赞美对方，比如从对方的衣着、身材、爱好等方面入手夸奖对方。需要注意的是，赞美一定要发自内心且言之有物。我们可以给自己设置一个挑战，如每天赞美三个人，通过赞美让自己习惯与人沟通。

提前准备一些万能的话题。冷场对社交恐惧症患者来说是一件特别可怕的事情，其实开场时的内容并不重要，我们只需要向对方传达"我愿意和你沟通"，从而拉近双方的距离就够了。当你不知道有什么话题时，可以试试谈论天气、最近的新闻报道、看过的电影，或者一些对方感兴趣的事等。

多问开放式问题。二选一式的封闭式问题很难让对方畅所欲言，所以我们可以将"你是否喜欢这样东西"的问法改为"你喜欢这样东西的什么"，从而增加双方互动的机会。

非语言技巧同样重要

心理学家发现，在人际交往中，非语言信息传达出的内容比语言信息更重要。因此，如果我们不善言辞，实在不知道怎样用语言来表达自己的友善，可以试着用倾听、目光接触、微笑、点头和身体前倾来向对方传达自己的善意。此外，有一个姿势需要避免出现在社交中，那就是双臂交叉抱在胸前，这是一个颇有拒绝意味的姿势，会让对方感到不适。

每个人都不是一座孤岛，愿有社交恐惧症的我们都会找到属于自己的依靠。

第六章　不喜欢热闹，却又
　　　　　害怕孤独

SIX

如果有人问陈佑宁"人生中什么时候是最孤独的"，她一定会毫不犹豫地说："独自在国外求学的那一年是最孤独的。"

陈佑宁清楚地记得，那是 5 年前的一个凌晨，刚满 20 岁的她拖着行李箱在机场和父母挥手告别。她努力地笑着，笑得非常灿烂，可一扭头，泪水就掉了下来。凌晨三点半，从来没有离开过父母身边的她，开启了独自一人在异国他乡的求学之旅。

陈佑宁花了很长一段时间来适应孤独的日子。一方面，她所学的"学习与认知发展障碍"专业在中国留学生所学专业中相对小众，班里除了她一个人是中国人，其他人都是以英语为母语的、金发碧眼的外国人。陈佑宁自诩是个"学霸"，在国内读书时，她可以在同一时间内参加两门考试，并且两门考试都以高分通过。她本以为凭借自己过硬的专业知识，出国留学也可以轻轻松松地取得很好的成绩。令她没想到的是，她在国内所学的专业知识在国外没有用武之地，因为国内的实验结果和分析结论都是基于母语为汉语的人进行的，而国外的研究使用的是印欧语系。她的中式英语也给她的学习带来了一定的阻碍，无论是在校学习过程中还是日常生活中，她与别人的交流都十分吃力。

另外，她的家人、朋友全都在国内，8小时的时差让她每天只有很短的时间能和朋友倾诉。再加上她本就是一个内向的小姑娘，很少主动与人交流。这一切让她很难适应，她好想回家，但又害怕父母辛辛苦苦攒钱交的高昂的学费就这么打了水漂。那段日子里，她每天下课回到宿舍，一推开门，眼泪就会掉下来。

有一天，陈佑宁写完作业在网上闲逛，看到一个帖子，上面罗列了"孤单排行榜"，具体内容如下。

1. 晚上独自坐公交车，看着路边不断变换的灯光、树影；

2. 听到一首旋律熟悉的歌，想起那个和你心意相通的人，对方现在却不在你的身边；

3. 情人节独自看爱情电影；

4. 生病时，自己一个人去医院，甚至接受手术治疗；

5. 夜里睡不着时，一个人看着黑漆漆的房间。

…………

陈佑宁对这个排行榜嗤之以鼻，她心里想："晚上独自坐公交车怎么了，我还凌晨独自坐飞机呢！"她突然觉得之前的自己有点矫情，从那一刻起，她打定主意好好享受这一年的孤独，努力提升自己，然后以崭新的面貌回国，让父母为自己骄傲，让朋友刮目相看。

之后，陈佑宁的生活开始变得多姿多彩。学习上，她发奋图强，拼命提高英语口语能力，努力和同学们成为朋友；生活上，她学会了做饭，拥有了更多的兴趣爱好，闲暇之余还和舍友一起去旅游，不断开阔眼界。陈佑宁发现，当自己忙碌起来，好像也没有时间感到孤独了。即使一个人吃饭，也能品尝到食物的美味；即使一个人旅行，也能欣赏沿途的风景；即使一个人生活，也能活出精彩的人生。

孤独感人人都有

如果有人问陈佑宁："孤独感是什么？"她会说："孤独就是不得不一个人面对生活的状态。那些找寻不到的安慰、摆脱不了的焦虑、定义不了的未来，都会给我带来无尽的孤独感。"

在现代社会，人们的孤独感与日俱增，一些在大城市打拼的年轻人就像故事中的陈佑宁一样，不得不一个人吃火锅、一个人运动、一个人逛超市、一个人去医院……我们可能不再像生活在远古时代里的祖先，需要团结合作，需要其他人的协助才能维持基本的生存，我们似乎逐渐忘记，我们也是需要高质量人际互动、需要深度联结的生物。显而易见的是，即使是最独立自主的人，孤独的时间久了，也会产生焦虑和沮丧的情绪。心理学家发现，糖尿病、高血压、肥胖和心脏病等疾病的发病率也与孤独有关。

现代心理学先驱阿尔弗雷德·阿德勒（Alfred Adler）认为，人类痛苦的根源是人际关系。他认为所有人都有着强烈的归属感，真正的、深入的人际互动对人类的生存而言，就像空气和水一样，虽然看不见，但必不可少。他还假设，人类绝大部分的痛苦都源于对不完美的恐惧。根据阿德勒的说法，我们内心的许多挣扎都来自担心别人看到真实的我们后会拒绝与我们交往，因为我们就像自己内心深处害怕的那样不值得被爱。

简单来说，很多人鲁莽地把孤独和"不受欢迎"画上了等号。他们认为孤独代表着一个人孤零零地被周围人拒绝，甚至被排斥，这个人既没有存在感，也没有价值感。总而言之，孤独及其产生的问题都与人际关系的隔绝有关。

孤独感会导致很多问题的出现，比如那些认为自己被社会抛弃的人，通过取悦他人、伪装成大众喜欢的样子来证明自己是值得被爱的，他们为了拥有归属感不惜放弃真实的自己。当然，孤独也会以一种恶性循环的形式出现，即我们感到十分孤独→我们认为自己不值得被爱→我们不再与他人联系→我们感到更加孤独。这种恶性循环会让我们陷入困境，产生孤立无援的感觉（见图6-1）。

图 6-1　孤独的恶性循环图

　　其实摆脱孤独的方法很简单，那就是和那些能够看到我们、理解我们、包容我们、爱我们的人建立起实实在在的联系。如果我们拥有一个这样的朋友，那么我们就是这个星球上最幸福的人。那些能够让我们产生归属感的人会赶走我们头脑中被抛弃的想法，然后用温暖和爱包围我们。当我们拥有心意相通的朋友时，即使孤身一人，也能抵御孤独的侵犯。

　　然而，很多人经常将归属感与融入的概念搞混。美国休斯敦大学社会工作研究院教授布琳·布朗（Brené Brown）在《脆弱的力量》（*The Power of Vulnerability*）中写道："融入是审时度势后成为你需要成为的人；而归属感并不要求我们改变自己，我们只需要做好自己。"很多人为了获得安全感被迫努力地适应其他人的想法，假装喜欢自己不喜欢的东西，假扮成别人喜欢的人，在想拒绝的时候却说"好"。当我们将融入与归属感混为一谈时，我们会感到绝望，因为这会让我们认为自己不够好，并认为只有当我们想方设法成为其他人希望我们成为的人时，我们才是值得被爱的。然而，当我们按照别人的希望行动时，虽然我们可能会得到自己想要的认可，但依然没有归属感。被认可、被接纳和被爱的并不是真实的我们，真实的我们仍然躲在寻求认可的面具之后。

如何走出孤独

迎合众人不会驱散孤独感

有的人非常害怕孤独，于是他们会采取一些看起来很热闹的方式来填满自己空洞的心，驱赶孤独感。盲目合群就是其中一种轻松而便捷的手段。比如，有的人呼朋唤友一起玩耍，有的人沉迷网络游戏，有的人附和周围人的想法和态度。然而，盲目合群只是平庸的开始。消消乐游戏告诉我们，如果我们盲目合群，那么早晚有一天我们会"消失"。

归根结底，这些为了赶走孤独而进行的无意识的从众行为无法彻底消除人们内心的孤独感，反而为人们平添了几分焦虑。当跟在别人身后时，我们的想法和感受就会变得不那么重要，最终我们会丧失自我。真正的归属感始于有做自己的勇气，我们只有成为真实的自己，才能拥有真正的关系，也才会拥有真正的归属感。

敢于做真实的自己以及与他人建立真实的联系可能会让人感到害怕。当我们敞开心扉，向他人发起建立关系的邀请时，我们也要承担被他人拒绝的风险，我们希望他人会因为我们是谁而爱我们。有的人能做到这一点，有的人做不到。如果我们决定不再按照别人的意愿行事，那么他们很有可能拒绝我们。但是，虽然真实的联结可能让我们失去某些人，但不真实的联结造成的危害会更大。

请你试着问问自己："当我真的相信自己的内在价值时，我会做出什么选择，我会做哪些事情，我会有什么不同的表现？"阿德勒认为，孤独感的产生源于自卑。当我们朝着自我接纳的方向迈进时，自卑的心灵黑洞就会被填补，我们的内心就可以萌生安全感和价值感，它们会驱散寂寞、空虚和孤独感。当我们能够悦纳自我，拥有健康而独立的人格时，我们就能找到属于自己的存在感，即使独来独往也不会对社会产生疏离感和脱节感，最终也会摆脱孤独感。

拥有高质量的人际联结

很多人错误地认为孤独意味着不受欢迎，意味着不被大众接纳，意味着得不到人们的认可和喜爱，因此他们非常害怕孤独。为了避免这种情况的发生，他们耗费了大量的时间和精力去结交朋友。但很多人从来没有想过，朋友有真也有假。

所谓摆脱孤独，并不是让我们硬着头皮进行无意义的社交，而是要我们选良友、择良师，从高质量的人际关系中汲取内心成长的养分。高质量的人际关系是幸福人生的必需品，它能够帮助我们获得健康的身心，促进人们共享信息、协同合作。但是酒肉朋友并不会用真心对待我们，他们会处心积虑地接近我们、利用我们。前者能让我们产生安全感，而后者并不能帮助我们摆脱孤独感。也就是说，能让我们在人际交往中提升能力、得到成长的关系，才是我们应该追求的高质量的人际关系。

学会享受孤独，拥有独立的人格

和喜欢三五成群的人相比，那些喜欢独自行动的人似乎显得与这个时代格格不入，但独自行动有时也有它的好处。比如，一个人上班的时候，我们可以复盘昨天的工作内容，计划今天的工作安排；一个人运动的时候，我们可以全神贯注地享受流汗的过程；独自一人读书时，我们可以沉浸在图书的海洋，不断地汲取知识的养分。

当然，在享受孤独的同时，我们也需要培养独立的人格。当学会珍视自己时，我们走到哪里都会带着属于自己的归属感，我们能够照顾好自己、倾听自己的声音、相信自己。我们无须向外寻求别人的认可，因为发自内心地认同自己才是最重要的。

虽然朋友可以为我们提供支持、鼓励和帮助，但我们也不能因为害怕孤独而过分依赖周围的人。如果我们要求朋友对我们的人生负责，把自己人生的重量都压在对方身上，只会加快对方从我们身边逃离的速度，让双方的友谊变质，最后，我们甚至会失去这段友谊。只有当我们彼此都拥有独立的人格时，友谊才能被更好地维持下去。

拥抱孤独，你的内心会变得更加强大，毕竟取悦自己才是头等大事。

第七章　一个人的好时光

SEVEN

　　张小梦是一家金融公司的主管，每天都忙得昏天黑地，除了繁忙的日常工作，她还有很多兴趣爱好，比如爬山、看话剧、参观艺术展览等。即使在不加班的日子里，她也很少在晚上9点之前回家。作为一个社交达人，她总有赴不完的约。即使回家了，她也会找一帮朋友一起玩游戏。对张小梦来说，工作和娱乐之间没有清晰的界限，她和很多客户渐渐成了好朋友，同时她也会在朋友聚会时发展新的客户。

　　张小梦的日子过得有滋有味，丰富多彩，按说她应该感觉很快乐才对，可她在上个周末结束后，决定去找一位心理咨询师咨询一下。到底发生了什么事，让这个看似无忧无虑的人产生了烦恼呢？原来，上周日竟然没有一个人约她出去玩，她决定好好在家里睡上一觉，缓解一下最近睡眠不好的状态。她本以为自己会睡到天荒地老，还对朋友发消息说，"能叫醒我的只有外卖"。当她放下手机，躺在床上时，她的思绪却一直停不下来，总有稀奇古怪的想法冒出来，但她又不知道自己到底在琢磨什么。好不容易昏昏沉沉睡着了，张小梦睁开眼睛，发现夕阳西下，泛着余晖，不知何时月亮已经悄悄地爬上了天空。看着对面居民楼陆续亮起的灯，闻着空气中似乎飘来饭菜的香味，张小梦突然被一种前所未有的孤独感包围起来。

　　她挣扎着从被窝中爬出来，感觉身体非常疲惫，仿佛自己刚从一场世纪之梦中清醒过来。她给自己煮了一碗泡面，然后坐在桌子旁发呆，她回想着自己这几个月来似乎一直没有睡过踏实觉。每晚她的思绪都无法安定下来，常常干瞪着眼睛在床上"翻烙饼"。她有时会琢磨自己以前经历的令人尴尬的事情，有时又会为自己的将来感到烦恼。张小梦很困惑，她很喜欢行程满满的生活，也欣赏自己积极进取的人生态度，但她从未想过，也许正是源于对孤独的恐惧，她才会把生活排得满满当当，从来不给自己留出独处的时间。

　　当心理咨询师问她："你多久会给自己一次独处的时间呢？"张小梦摇着头说："我觉得独处时做事效率非常低，完全是在浪费人生"。然而，咨询师指出，很多人夜晚失眠都是因为白天没有独处的时间来让自己的大脑得到充分的休息。张小梦对此感到很诧异，但她还是接受了咨询师的建议。

　　在接下来的一个月里，张小梦试着学会提前回家，然后留出完全的独处时光，不打电话，不玩手机，不看电视。刚开始，她觉得安静地待着是一件很困难的事，总想找点什么事让自己忙起来。咨询师建议她可以写日记，或者做一些放松身心的运动。慢慢地，张小梦发现自己在独处时，心可以安静下来了，脑子里杂乱的思绪也被赶走了，入睡困难的问题也在一定程度上得到了解决。

为什么越来越多的人不喜欢独处

　　在现代社会，很多人很少会花时间独处，大家都在争分夺秒地提高生活的效率，很多人的想法和张小梦一样——"独处是一件非常没有效率且浪费时间的事"。在"张小梦"们看来，与人交往是一种能力，独处是一件非常无聊、低效，甚至是有些可怕的事。如果某人在周末还一个人窝在家里靠着看电视打发时间，那么他可能就会被认为是一个没有存在感的失败者。反过来，如果某人的应酬越多、手机响得越欢，那么他就越会被认为是一个充满价值的人，为什么这么多的人会存在这样的认知误区？原因有三。

第一，让自己忙碌起来可以帮助我们更好地分散注意力。当我们有不想面对的烦心事时，何不邀二三好友一起吃吃喝喝、唱唱歌？只要我们的大脑一直被令人愉悦的社交占据，我们就可以回避那些让人反感的糟心事。

第二，高速运转的现代生活裹挟着我们，使我们不得不保持高效的状态。那些不甘平庸、害怕自己碌碌无为的人在时时刻刻强迫自己获得成长，因此，"张小梦"们相信：独处是一件低效且浪费时间的活动，因为独处并不能给他们带来立竿见影的效果。实际上，只要没有事情做，"张小梦"们就会产生强烈的内疚感。

对他们而言，放慢脚步，让心静下来，关注自身的状态并不是他们该做的事。独处反而会让他们有时间为过去感到后悔，为将来感到担心。为了避免焦虑等消极情绪的出现，"张小梦"们丝毫不会给自己留出喘息的时间。

第三，有些人失去了自我，他们的内心是空虚的，独处对他们来说，就像是一场酷刑。他们想方设法地避免面对自己，宁可做无聊的事情来打发时间，也不愿意与自己相处。

正视独处的价值

独处能够让我们获得成长。作家周国平在《当你学会独处》一书中写道："独处不是与世隔绝，而是为自己保留一个开阔的空间，一种内在的从容，在可支配的时间里，不断靠近理想中的自我。"给生活做减法才能为思想做加法，独处是我们能够得到的最简单也是最好的礼物，只有独处才能让我们完全成为自己。

独处能够让我们倾听自己的内心

每个人或多或少都面临一种内心的冲突——对独处的渴望和走出去的冲动。可以肯定的是，无法与人交流的生活是一种缺憾，而无法独处的人生简直是一场灾难。当我们处在一个小团体中时，总会因为别人的想法和决定而分心，我们时常没有机会倾听自己内心的想法，因为我们不得不迎合群体的节奏。但独处情况就不一样了，我们只须和自己对话即可，如此，我们就可以倾听自己灵魂深处的声音，洞悉自己真正的想法。独处既是一种能力，也是一种生活方式。独处能够让我们远离喧嚣的生活，从心灵的平静中获得能量，最终使我们遇见更好的自己。

独处能够让人避免成为别人的附庸

总往人堆里凑其实很容易产生各种各样的问题，除了会被类似要不要一起出去玩、去哪玩、吃什么这些琐事消耗耐心，复杂的人际关系也容易让人感到混乱。当生活已被无用社交填满时，负能量会越积越多，久而久之，我们的内心会充满戾气。有些小孩喜欢攀比，看到别人有了奥特曼，他就想要蜘蛛侠；看到别人戴了闪亮的头花，她就想要华丽的裙子。很多大人没有改掉幼稚、盲目攀比的坏习惯，却丢了孩子般的天真和烂漫。

独处能够激发人们的同理心

喜欢独处的人有时更能站在别人的角度思考问题。如果我们总是待在同一个圈子里，时间长了，就会内化别人的想法，甚至产生这个世界只有"我们"和"其他人"的想法。自然而然，我们就很难对圈子外的人充满善意的关心和发自内心的理解。

独处能够激发人们的创造力

很多诗人、艺术家、作曲家在创作时都会选择闭关，在远离社会、只属于自己的空间里精心打磨自己的作品。心理学研究也发现，独处能够帮助人们产生更多的创意。

总而言之，独处是一个人内心强大的表现。

拥有独处的力量

提高对安静的接受度

很多人踏入家门的第一件事就是打开电视，即使不看，也要有这样的背景音烘托气氛，否则就会感到寂寞难耐。这些人需要用持续不断的喧闹声填充自己的生活，但这种生活方式并不健康。每个人都需要花一点时间独处，即使只有 10 分钟，也可以让自己的精力在一定程度上得到恢复。如果你认为独处就是干坐着什么事也不做，那么想得就有些片面了。事实上，我们完全可以利用独处的时间做以下事情。

- 总结经验，规划目标。每天对自己当天的工作、学习进行复盘，并且规划第二天的行程安排，以保障我们的生活顺利运转。

· 审视自己的内心。静下心来倾听自己内心的真实想法可以让我们更好地恢复精力，修复内心深处或大或小的创伤。

· 写日记。很多心理学家发现，将自己经历的事情以及产生的想法、感情记录下来，可以减轻压力，提高免疫力，是一种有益身心健康的活动。

冥想

心理学家发现，冥想可以改变我们的思维方式，减少我们的消极情绪。

有的人就是需要独处才能完全释放自己的光芒，成就一个完整的自我。

� 第八章　高敏感者的积极
　　　　人生

EIGHT

任玉从小就是一个很敏感的人。每当她的妈妈拿她和其他小孩作比较时，她都会感到头疼欲裂，因为她总能感知妈妈的焦虑情绪。然而，面对妈妈的负面情绪，年幼的任玉根本不知道如何处理是好，似乎只有赶紧跑回家、关上门、躲进自己的房间里，才能让她觉得舒服一点。

任玉与人沟通的时间上限是 30 分钟，超过这个时长，她就会感到精疲力竭，浑身上下说不出来的不舒服，大量信息一下子涌入她的大脑，让她不堪重负。家庭聚会时，面对亲人热情的招待，任玉却感觉自己像个溺水的人，她不得不时不时地躲进卫生间里待一会儿，喘口气，平复一下焦虑情绪。她呆呆地看着镜子里的自己，不断地用热水冲洗着双手。

当不得不与客户见面时，任玉会尽量掌握主动权，她喜欢由她选择会面的咖啡厅，因为找到一家符合她心目中各种要求的咖啡厅是一件非常困难的事情。此外，她会提前 20 分钟到达会面地点，这样就可以由她选择坐在哪里。如果她被迫听从了客户的安排，去了一家自己不喜欢的咖啡厅，那些嘈杂的音乐会让她感觉痛苦不堪。

任玉在家都经常失眠，更别提出差了。离开了自己的房间，没有了熟悉的味道，酒店的床的硬度、枕头的高度、被子的颜色都让她无法入睡。任玉的老公王亮说，他从来没有见过任玉睡觉的样子，在王亮看来，任玉总是醒着的状态，即便两个人一起入睡，只要自己翻个身，任玉就会惊醒。任玉喜欢枕着他的胳膊睡，有意思的是，每当王亮感觉胳膊发麻，想要动一下的时候，任玉就会提前把头抬起来。任玉解释道，自己睡眠很浅是因为在她还小的时候，她的父母总是在她睡着以后悄悄离开，所以她非常没有安全感，很怕和别人一起睡觉、醒来却只有自己的感觉。

后来，王亮决定用装睡来解开这个悬念，看看任玉睡着的时候到底是什么样子。有一天，他终于等到任玉的呼吸声平缓下来，他缓缓地睁开眼睛凑了过去，没想到，任玉就像有超能力一般，明明前一秒还处于深度睡眠状态，这一秒竟突然睁开眼睛和王亮对视，吓了王亮一跳。

高敏感者的特质

故事中的任玉有着异常灵敏的触角，能随时随地地探知各种信息。那些生活中不请自来的，在常人看来很正常的声音、气味和画面，都让她不胜烦恼。这种特质在让任玉拥有强大的觉察力，同时耗费了她太多的能量。即便任玉已经因为各种信息的输入感到身心俱疲，这些外部环境中的刺激并不会消失，它们仍会不断地消耗她的能量。

美国心理学家伊莱恩·阿伦（Elaine Aron）首次提出"高敏感者"概念。在她看来，"高敏感人群天生拥有一种特殊的神经系统，这种神经系统可以帮助他们更深入地感知、处理内部与外部的信息。"也就是说，高敏感者对个体内部和外部环境中的刺激极度敏感，轻微的刺激就能激活他们的神经系统。

高敏感者擅长倾听，并且拥有超强的共情能力，这使得他们一方面很容易与人建立高质量的深层关系，另一方面又很容易被别人的情绪影响。美国心理学家伊莱恩·阿伦通过功能性核磁共振成像[1]对被试的大脑进行扫描，发现高敏感者在观看情绪面孔图片时，包括其镜像神经元（一种感知他人情绪并让自己感同身受的神经系统）在内的、负责共情的大脑区域得到了明显的激活。特别是当被试看到爱人积极情绪的面孔时，高敏感者的脑区呈现非常强烈的激活状态。

高敏感者具有强烈的责任心，他们总想为周围的人负责，承担那些本不属于自己的责任，甚至会被迫卷入别人的生活。高敏感者总是替他人着想，他们害怕给周围人带来麻烦和不便，因此会花很多时间去处理与他人的关系，但这又让自己疲惫不堪。然

---

[1] 功能性磁共振成像（Functional Magnetic Resonance Imaging，简称 fMRI）是一种新兴的神经影像学方式，其原理是利用磁振造影来测量神经元活动所引发之血液动力的改变。

而，在一切超出他们的负担后，他们会变得不再通情达理，难以体谅他人。

高敏感者拥有丰富多彩的内心世界，这让他们在独处时从不感到枯燥乏味，他们丰富的想象力和非凡的创造力会像泉水一样源源不断地涌出来。他们喜欢探索精神世界，对音乐和绘画充满兴趣，并且喜欢追求有趣的生活。

高敏感者不喜欢冒险，也拒绝冲动行事，因为这会让本就处在饱和状态下的他们耗费更多的精力去处理突发事件。因此，他们会在做事之前想好各种细节及其应对措施，以避免没有必要的麻烦。这种特质让他们可以更好地规避风险，具有更强的危机管理能力。

高敏感者常见的问题

感官超载

对高敏感者来说，观察细节是一种习惯，他们很难像普通人一样过滤生活中的各种信息，这并不是说高敏感者具有更敏锐的听力和视力，而是因为他们的大脑对信息的加工处理过程更加彻底。这些琐碎的事情会对他们形成一种强烈的冲击，让他们总是处于超负荷的状态，经常会感到坐立不安，不堪重负。饱和状态下的高敏感者就像一朵即将枯萎的花，需要很长时间才能从平静带来的养分中恢复过来。

容易出现焦虑、抑郁等消极情绪

高敏感者对自己的要求很高，加上他们有着丰富的想象力，擅长想象各种可能出现的问题，因此对未来将要出现的问题很敏感，从而更容易产生焦虑的情绪。特别是那些有过糟糕经历的高敏感者，多年来积累的负能量会更容易使他们焦虑或抑郁。

极易被他人的负面情绪感染

高敏感者的灵敏触角让他们极为擅长感知周围人的情绪，加上他们具有强烈的责任心和共情能力，总是喜欢对身边的人负责，所以很容易成为吸收他人压力与负能量的情绪海绵。当他们无法分辨这些负面情绪究竟来自自己还是他人时，那种莫名的压力会令他们感到难以忍受。

苛求自己追求完美

很多高敏感者对他人的评价十分敏感，他人一句无心的评价会让他们在夜里辗转反侧、难以入睡，因此他们总是用严苛的标准要求自己，比如自己是否善解人意、通情达理。当他们要求自己完全按照这个高标准行事时，他们将会消耗掉大量的精力。值得一提的是，高标准的出现往往与其低自尊的状态有关，当他们认为自己是一个不值得被爱的人时，就会用更高的标准要求自己，从而让自己成为值得被爱的人。

陷入不正常的人际关系

典型的高敏感者不知道如何划定自己与他人的界限，他们担心自己拒绝朋友的请求后，会招来他人的反感、排挤或抛弃，所以他们常常选择委屈自己来讨好别人。他们会伪装自己，试图成为"别人期待他成为的样子"，这让他们慢慢地失去了自我，并且变得狼狈不堪。

高敏感人格的成因

遗传

心理学家认为，高敏感是一种遗传的人格特质，但是科学家们还没有研究出具体是哪个基因导致了高敏感人格的产生。目前，有一种猜想是高敏感特质与人体内的 5- 羟色胺转运体基因有关。

被忽视的童年

心理咨询师发现，成长在情感忽视家庭中的儿童，其人格的形成会受到父母对其态度的影响。情感忽视型父母不会主动关注孩子的举动，也不会对孩子的情感需求进行及时的回应。久而久之，孩子会感到困惑，甚至产生挫败感。他们会认为自己的情绪是一种无关紧要的负担，自己的需求并不重要，向他人求助是一种无用的行为。

高敏感儿童本就心事重重且情感丰富，因此他们会因为父母的漠视而感到更加痛苦。长大后，他们甚至会潜意识地产生自我羞耻感和自我否定感，进而成长为低自尊的人。

很多高敏感者为了获得他人的认可，做了很多违背自己意愿的事，他们把自己的敏感、退却和疲惫归结为脆弱，并且不断地质疑自己，这种想法是造成高敏感者困惑的关键因素。那么，怎样才能提高高敏感者的幸福感呢？一方面，你需要了解，高敏感是无法被改变的人格特质，它会使人敏感、谨小慎微、对他人的情绪变化有更强烈的感知。另一方面，既然它无法被改变，我们不如学会如何更好地适应它。

高敏感者如何提高幸福感

知道哪些刺激会让你感到不舒服

作为一个高敏感者，你可能不喜欢聚会、嘈杂的人群、恐怖的电影或画面、令人忧心忡忡的负面信息等，那么，远离这些让你感到不适的源头可以帮助你保持能量，获得暂时的平静。

做些无聊的事来恢复能量

很多高敏感者在经历了一天的奔波后，会想赶快回家，钻进温暖的被窝美美地睡上一觉。事实上，睡觉并不是一个完美的解决办法，它无法彻底解决信息过度输入留下的后遗症。过多的刺激穷追不舍，使得很多高敏感者无法安然入睡，他们即使睡着了，也睡不安稳，醒来后仍会感觉十分疲惫。因此，在睡觉前让内心恢复平静对高敏感者来说非常重要。

　　确保自己拥有独处时光，你可以试着写写日记、为画涂涂色、听听音乐。虽然这些事情看起来很无聊，但它可以有效地阻断更多信息的输入，让你的神经系统彻底放松下来，使你可以恢复能量。

做自己情绪的主人

　　那些被输入大脑的多余刺激既可能来自外部环境，也可能出自个体内部。如果你是一个凡事都喜欢往坏处想的人，就很容易被消极情绪所淹没，所以你需要特别注意，要时刻关注自己的想法。一旦消极的信念出现，你就要及时出手切断自动化反应，将负面认知从驾驶席上赶走，夺回理智的"方向盘"。举个例子，你下班后开开心心地来到男朋友单位楼下，想接他下班一起去逛街，给他一个惊喜，结果左等右等也不见他出来。你拿出手机给他留言，10 分钟过去了，他也没有回复消息。等得不耐烦的你给他打了电话，他也没接。此时，你会想他是不是因为之前的事生气了，他是不是出了意外，甚至他是不是另有新欢。你的情绪瞬间跌到谷底，但你没想到你的男朋友只是因为工作繁忙而没有时间看手机。

因此，每当你陷入那些让你不胜其烦又毫无益处的思维旋涡中时，你应及时叫停，学会分辨想法与事实，不再将精力耗费在这些没有意义的事情上。你可以将自己的注意力转移到其他方面，如果这样做对你来说很困难，那么你可以试着给自己的想法编造一个简洁又搞笑的结尾。接着上面的例子，你可以想象你的男朋友没有联系你，其实只是因为手机掉进厕所里了，通过这种方法迅速结束自己的非理性信念。

设立个人界限，不做别人的情绪海绵

高敏感者想要提高幸福感，并不意味着其必须永远自己一个人待在房间里。当高敏感者需要社会性支持时，可以主动选择自己喜欢的人与自己共度时光。然而，并不是每个人都值得被付出真心，"情感吸血鬼"就是其中之一。

事实上，要想保持自身的独立性，保护自己免受"情感吸血鬼"伤害的最简单的办法就是远离他们，让他们彻底离开你的世界。

如果你实在无法做到将"情感吸血鬼"清理出自己的生活，那么就需要好好思考一下自己是否陷入了"强迫性重复"的沼泽。也就是说，你是否为了获得对困境的掌控感，一次又一次地将自己置入相似的困境，却让自己受到了更多的伤害。结束一段关系、离开一个人往往不是一件容易的事，你可以试着从以下两点入手。

在与"情感吸血鬼"沟通的过程中，应时刻提醒自己多关注结果而非过程。在和对方进行重要的对话前，你最好想清楚自己希望通过这次对话得到什么具体且实际的结果，比如"我希望他可以把本属于他的工作做完"。之后，你可以不断地提醒自己应围绕结果进行交流，不要与对方在情感方面做过多纠缠，导致对话偏离主题、沟通无效。

你应该学会设立个人界限，对"情感吸血鬼"的越界行为说"不"。当你在与"情感吸血鬼"的交往中感到窒息时，停下来，将注意力放回自己身上，温和而坚定地维护自己的权利，阻止对方过度消耗你的情感能量。对高敏感者来说，设立一个清晰的个人界限是一件非常重要的事情。比如，当你的朋友不断地向你抱怨自己的遭遇时，你可以说："你是我很重要的朋友，我也很乐意分担你的痛苦，不过现在有一件很着急的事情需要我去处理，我只能再听你讲 10 分钟。"

为自己的人生负责

心理学家总结了"10 件你不需要为别人负责的事"和"10 件你需要为自己负责的事"。若用好以下这张表，你也许会切实提高自身的幸福指数（见表 8-1）。

表 8-1 卡米尔自测表

10 件你不需要为别人负责的事	10 件你需要为自己负责的事
1. 解决别人的问题	1. 你的身体健康
2. 确定别人没问题	2. 你的工作效率
3. 让每个人都喜欢你	3. 你的财务状况
4. 独立完成所有的事	4. 你的选择决定
5. 确保事情不出错	5. 你的时间规则
6. 让每个人都快乐	6. 你的生活习惯
7. 说服别人接受你	7. 你的言行举止
8. 预防别人犯错误	8. 你的宠物伙伴
9. 随时随地充满正能量	9. 你的人际关系
10. 满足别人的期望	10. 你的未来发展

高敏感者有时很矛盾，他们一边渴望热闹，一边讨厌人群；一边期待惊喜，一边享受孤独；一边欣赏绚丽的烟花，一边抱怨伴随而来的巨大响声。无论怎样，希望高敏感者能够明白，敏感并不等于软弱，敏感也可以是一种温柔的力量。

第九章 摆脱讨好模式，
拥有洒脱人生

NINE

黄露奕最近总是易怒，脾气暴躁，她觉得自己的生活充满压力，而她已经处在崩溃的边缘。她说她完全没有时间去做自己真正想做的事情。

黄露奕36岁，是两个孩子的妈妈。大女儿3岁，刚上幼儿园；小儿子半岁，正是离不开妈妈的时候。她是一名美术编辑，在杂志社工作，最近几个月她正在休产假。她竭尽全力地想成为一个好妈妈、好妻子、好员工、好朋友，但她觉得自己哪个角色都不称职。她敏感且易怒，经常因为孩子打翻水杯这种小事暴跳如雷，事后又为自己大吼大叫的行为感到后悔，她也说不清自己到底怎么了。

原来，黄露奕是一个不会说"不"的人。幼儿园老师看黄露奕最近休假在家，又擅长绘画，就邀请她担任家长委员会的委员，她在照看小儿子的同时，不得不去女儿的学校帮忙布置每周一期的黑板报。除此之外，她还要绞尽脑汁地给孩子们筹划各种课余活动，甚至接受了因加班无法按时接孩子回家的家长们的请求，帮他们照看孩子。

黄露奕有个表妹，她为了节省请育儿嫂的开销，经常找黄露奕帮忙带孩子。用妹妹的话讲："一个孩子也是看，两个孩子也是带。"黄露奕清楚地知道照看孩子是一件多么辛苦的事，但她还是咬着牙答应了下来。最近，黄露奕开始不再接表妹的电话，因为她知道表妹每次打电话来只是为了找她帮忙。

黄露奕的闺密知道她从来不会拒绝别人，就时常找她借钱周转；她的上司在她忙得不可开交时，也会开口请她帮忙做一些插图。虽然自己的时间被压榨得一干二净，面对周围人的请求，黄露奕还是会不假思索地答应，因为她做人的第一准则就是不向周围人的请求说"不"。

最近，黄露奕开始明白，向周围人说"好"意味着向家人说"不"，虽然她很重视周围人对自己的看法，但家人显然才是她生命中最重要的人。她的不会拒绝已经严重影响了家庭和睦，她的丈夫对她的行为颇为不满，因为他们已经很久没有一起吃过晚饭。女儿也向她提出抗议，因为她没有时间陪女儿入睡。母亲虽然嘴上不说，但黄露奕看得出来，自己的妈妈因为帮忙照顾孩子有多么的疲惫不堪。

黄露奕说自己这种不断取悦他人的行为是因为担心周围人说她自私。然而，在丈夫的帮助下，她渐渐意识到，要求别人喜欢自己实际上是一种比拒绝他人更自私的事。因为她帮助别人的动机并不是出自真心实意，不是为了切实提高他人的幸福感，而是想为自己积累更多的好评价。在看清了这一事实后，黄露奕终于做好了改变的准备。

黄露奕花了一段时间来适应这种转变，之前的她总觉得拒绝别人需要有一个正当的理由，但她实在找不到理由，也不想说谎。丈夫鼓励她只是简单地说"不好意思，我没法帮你这个忙"就好，不用说出具体的理由。她发现周围人并不会因为她没有帮忙而生气，也没有为此而疏远她，原来周围的人完全不会介意这件事。

之后，她陪伴家人的时间越来越多，对待孩子也越来越有耐心，脾气也变得越来越好，焦虑程度明显下降，她再也不会因为取悦他人这件事而倍感烦恼了。

为何取悦他人

黄露奕尽力维护自己的好名声，并且希望自己能够成为永远不会让别人失望的人。在她看来，她的人生价值完全取决于别人对自己的看法。她觉得任何损害人际关系的事都是让人难以忍受的，因此她竭尽全力让身边的人感到愉快，即使这样做的代价是把自己搞得身心俱疲。

希望自己讨人喜欢，有时就像追求完美主义一样，虽然人们口头上说"这是一个缺点"，实际上，有些人为此感到自豪。"我总是设法取悦他人。"有人略带腼腆地说，其实他的潜台词是："我是一个超级大好人，我总是牺牲自己，成全别人。"然而，这种特质并不像人们想象的那样伟大和令人敬佩。从本质上讲，取悦他人是一种谎言。当人们习惯了通过不断地做别人希望自己做的事来获得认可时，他们总会慢慢忘记自己真实的样子。

实际上，取悦他人是一种试图掌控他人感受的行为，有这种倾向的人多具有以下特点。

- 认为自己应该对别人的人生负责；
- 担心别人会因为自己的拒绝而生气；
- 总是委屈自己，成全别人；
- 为了缓解对方的愤怒，甚至会为了自己没做错的事情道歉；
- 尽力避免冲突；
- 会为了获得一个好口碑而投入很多的时间和精力；
- 喜欢听到表扬。

为什么有的人想要取悦他人呢？

首先，恐惧是人们取悦他人的主要心理。一方面，取悦他人者非常害怕争执和冲突的出现，所以他们认为如果自己能够做些什么让周围的人感到快乐，那么一切都是值得的；另一方面，他们害怕来自他人的负面评价，更害怕来自他人的拒绝和抛弃，他们认为"如果我不答应别人的要求，他们就会讨厌我"。

其次，取悦他人可以产生成就感。如果我们深入挖掘取悦他人者的想法，就会发现很多低自尊的人找不到自己的人生价值，他们有着深深的自卑感，所以会试图通过将他人的需要放在第一位来产生自己是被他人需要的感觉。比如，他们会想"如果我能成为别人希望我成为的人，那么他们就会喜欢我。如果所有人都喜欢我，那么也许我应该相信他们"。

再次，取悦他人者渴望与人建立联系。事实是，即使赢得了周围人的认可，这种感觉也不像我们想象的那么美妙，因为这种认可和联系建立在我们的伪装之上，获得认可的并不是真实的我们。比如，有的人会认为"如果我能为别人做点什么，那么我对他来说，还是有存在的价值的"。

最后，取悦他人是一种习得的行为。以下两种童年时代的经历会让人更容易成为取悦他人者。一是如果父母只有在孩子表现出他们想要的样子时才会给予关爱，即孩子只有通过表演和伪装自己才能获得他们的爱和认可，那么，父母其实就是向孩子灌输了一个理念——满足父母的需求比自己的需求更重要。二是如果一个人的成长环境里充满了争吵声，那么他可能会发自内心地拒绝冲突，并且认为只有尽力让大人们一直保持愉快的状态才能防止争吵的发生。经验丰富的心理咨询师发现，纵酒者的孩子因为无法预知父母酒后的行为，学会了察言观色，并且很容易出现取悦他人的倾向。

取悦他人导致的问题

诱发负面情绪的产生

潇潇邀请丽萨一起去单位旁边新开的餐厅吃午饭。潇潇之所以这样做，是因为前几天丽萨给她带了一些老家的特产，出于礼貌，潇潇觉得自己应该回请丽萨。其实潇潇并不希望丽萨赴约，因为她前一天晚上没有休息好，中午只想在食堂简单吃点就回工位休息。如果丽萨答应赴约，两个人很可能就要花上一小时来闲聊。所谓"中午不睡，下午受罪"，如此一来，潇潇下午将很难集中注意力来应对工作上的事情。

实际上，丽萨也不想赴约，她还有很多工作要做，而且她答应了男朋友下班后一起去看电影，这让她完全没有心思晚上留下来加班。但她又不想伤害潇潇的感情，她害怕潇潇因为她的拒绝，下次就不再和她玩了，所以她一口答应了下来。

潇潇和丽萨都一厢情愿地以为自己的勉为其难会换来对方的开心，显而易见的是，他们都没有摸清对方的想法，她们的"示好"反而会让对方感到不痛快。

典型的取悦他人者会自以为是地认为身边的每个人都会关注自己的一言一行，而自己也有责任为他人的想法和情绪负责。这种以自我为中心的想法让取悦他人者放弃了自己的人生，转而时刻留意别人的需求，这会让他们因为自己的事情没有完成而感到焦虑。然而，如果取悦他人者发现身边的人并没有因为自己的付出而感恩，巨大的挫败感和憎恨感就会铺天盖地袭来，让他们倍感愤怒和沮丧，甚至最终选择破坏双方的关系。

另外，取悦他人并不能和善良、体贴、富有同情心画上等号。后面这些都是美好的品德，而不是为了获得认可而精心装扮出来的性格。其实，我们可以凭借直觉感知他人帮助我们究竟是出于何种动机：是希望获得回报，还是充满了善意的、纯粹的帮助。

给自己最亲密的人带来伤害

安琪很擅长讨人喜欢，她会挖空心思选择约会对象喜欢听的话题。如果她发现对方喜欢有爱心且富有浪漫情怀的女人，她就会详细地讲述自己在伦敦的广场上喂鸽子的事。安琪希望能让对方感受自己的魅力，但她从没想过她这样的多变反而让对方十分没有安全感。相反，很多和安琪有过交往的人，无论相亲对象还是同事、朋友，都对她有一丝丝的反感，大家都能看出来真实的安琪并不是她口中形容出来的样子，她只是刻意地在讨别人的喜欢。

安琪担心自己如果没有迎合对方，就会让对方认为自己是个索然无味的人，从而他会失去兴趣、离开自己。显然，她对别人缺乏基本的信任。实际上，如果我们真的和某人互相关心，那么我们会愿意向他展现真实的自己，因为我们相信即使对方不喜欢我们所喜欢的事情，他还是会留在我们身边。

想要让每个人都开心是一件非常困难的事。比如，我们留在单位帮助同事完成额外的工作，就会让等在家里的爱人、孩子感到不快；我们向朋友倾囊相助，就会削减用在家里的开销，这又会让家人受尽委屈。面对这种两难的困境，取悦他人者往往会选择放弃与自己关系更亲密的人的感受，因为他们知道，无论自己做什么，家人总会体谅自己。那么，明明知道自己的选择会伤害家人，为什么不反过来，为自己最亲的人拼尽全力呢？

我们必须明白，取悦他人在牺牲自己和家人幸福感的同时，并不能保证我们会被别人真心对待，这种病态心理甚至有时会被别有用心的人利用，被所谓的"朋友"占尽便宜。

丧失自我

当取悦他人成为人生的主旋律时，我们会将太多的时间和精力花在观察别人上，努力扮演成他们喜欢的人，努力获得他们的称赞，努力忘掉自己的需求。这一切都会拖住我们成长的脚步，让我们背叛自己的价值观，同时忽视开发自己的潜能。很快，我们就会失去独立判断的能力。

如何摆脱说"好"的魔咒

如果你不想将掌控自己感受的权利放在别人的手中，那么，是时候做出改变了。说实话，对于一个不断忽视自身愿望、需要、界限和喜好的人来说，保持心态的健康和自我感觉的良好是一件很难的事情。一个自我放弃的人才会通过强迫自己取悦他人，避免产生被抛弃的感觉。你首先要对自己好，通过倾听和尊重自己的感受认识到自己的优势，而后，你才会知道真正健康的人际关系应该是什么样的。

虽然你的改变也许在以失去某些人际关系为代价，但为了打破取悦－欺骗的循环，你需要问问自己"我是否愿意接受他人对自己赞赏的减少来换取真实性的增加""我是否愿意诚实地告诉别人我是谁、我喜欢什么、我讨厌什么"。如果你愿意接受这些改变以及可能带来的后果，那么下面的这些方法也许可以给你提供一些帮助。

确定自己的想法

首先，你需要严肃地问自己两个问题。为什么你从来没有为自己考虑过？为什么你认为自己的需要和感受无关紧要？接下来，你要记住以下几个事实：一是取悦他人是在浪费自己的人生，你没有控制他人感受的超能力，所以你用来琢磨别人的时间越多，留给自己用来提升自我的时间就越少；二是你并不需要为他人的人生负责，如果他人感到不开心，他们完全可以自行调节，或者去学习情绪管理的方法；三是保证每一个人都满意是一件非常困难的事情，总有人会因为你的行为而感到不满。

认清自己的价值观

在不假思索地答应别人的请求前，你应该清楚地了解究竟什么对你而言才是最重要的。只有认清了自己的价值观，你才能做出最有利于自己的决策。再次强调，你对别人说"是"的次数越多，意味着你对自己说"是"的次数越少。当然，这并不是说你永远不应该向别人伸出援手。但对每个人来说，最重要的事永远是值得你花费时间和精力去用心对待的。

对你来说，将注意力集中于重要事情的一个简单方法是确定这些事情是什么。这听起来似乎很简单，但却是我们经常容易忽视的地方，因为我们会因为太过兴奋而选择了太多重要的事。比如，"我想多花点时间陪伴我的孩子""我想获得职位上的晋升""我想每天去健身房锻炼身体""我想翻新家里的装修""我想每周看一场电影"……有时，想法太多会让我们感到疲倦。我们需要从这些事情中选择 5 件最重要的，它们才是我们在人生中应该投入最多时间的事。

现在，请你为以下几件事排序。

- 陪伴孩子；

- 陪伴家庭；

- 拥有信仰；

- 提升事业；

- 获得财富；

- 获得友情；

- 保持健康；

- 取悦他人；

- 提升自我。

明确了这些事情的优先级后，在面对别人的请求时，你就可以轻而易举地做出选择。因为对你来说，取悦他人并不是你人生中最重要的事。在时间和精力都有限的情况下，你需要按照自己的心意来生活。不断审视这个排序，你就可以反思自己的行为是否脱离了本意。

你也许会说，除了这 5 件事，还有其他没在列表上的事也很重要，有一个小技巧可以帮你解决这个问题。比如，除了优先排序的 5 件事，"获得友情"对你来说也很重要，那么，你可以将这件事与更重要的事情（陪伴孩子）相结合。举个例子，你可以和闺密各自带上孩子在公园里见面，这样你们既可以陪伴孩子，也可以增进彼此之间的友谊。

增强自我认同感

当你找到自身存在的价值，自然就不愿意再依附别人、取悦别人，你可以尝试用自我反思练习来提升自我认同感。现在，请认真思考，并填写表 9-1。你可以将这张表随身携带，用来时刻提醒自己，自己所追求的人生价值到底是什么。

表 9-1　自身价值测评表

你认为自己生命中最重要的是

你认为生命的意义是

让你最有成就感的角色是

你是为了什么而工作

让你产生成就感的时刻

坚持自己的主张

取悦他人除了包括为了讨别人欢喜而去做的事，还包括不做的事和不说的话。比如，你有没有因为不想惹是生非、引起冲突而保持沉默，其实你沉默的根本动机也是为了让别人保持愉悦。

也许冲突并不一定是坏事，坚持自己的主张也可以是良性行为。比如，当你向一直请求你帮忙的后辈表达自己也很累时，后辈也许才意识到自己的行为已经给你造成了困扰，他在向你道歉的同时承诺以后会尽量自己处理问题。这时，你们之间已经出现裂痕的关系得到了修补，他便可以尽快胜任自己的工作。

简单来说，当他人一再占你便宜的时候，你完全可以温和而坚定地说出自己的想法。你可以试着用"我"作为句子的开头来表达自己的感受，而不是指责对方。比如，同事总是让你帮忙打饭，你感到很厌烦。此时，你可以说："我觉得很没劲，因为你总是让我帮你打饭"，而不是"你太懒了"。

取悦他人并不一定意味着你是个乐于付出的人，你可能只是需要感受自己的存在。实际上，你完全不需要靠顺从他人的想法获得安全感，也不需要靠被人看到获得存在感。你应该停下来仔细想想什么是自己该做的事，什么是不该做的事，以及什么是可以但不必做的事，做最真实的自己，才能得到真正的快乐。

▌ 第十章　逃离让你崩溃的
　　　环境

TEN

李信从单位辞职了，走之前，他在朋友圈更新了一条状态——"逃离"。

其实不管从薪资待遇还是发展平台来说，这家公司都不错，为什么李信会做出这个决定呢？这个故事要从一年前说起。那时，李信刚刚入职新公司，这是一家在业内有口皆碑的公司，李信怀着激动的心情开启了新的征程。然而，激动的心情并没有持续太久，他就被公司竞争激烈的氛围吓到了，同事们不仅没有人迟到早退，甚至连午休时间都在赶工作。

带他的师父张然每天的口头语就是："当年我刚入职的时候，每天都恨不得住在单位，哪像你现在这么轻松。"

李信有口难言，心说："我哪里轻松了？我每天都加班到晚上11点，连周末都要来公司加班。"

眼看"十一黄金周"就要到了，公司突然接到一个紧急订单，全员都要加班。领导有言在先，大家可以根据自己的情况选择加班几天，后面可以调休。李信想着，反正假期也没什么事，于是就来公司加了五天班。

之后，李信一直过着每天加班的日子，机械地工作着，渐渐地心生倦意。眼看着同期入职的同事已经开始接触公司的核心业务，而李信因为性格比较执拗，说话不讨领导欢心，还在做着没有什么技术难度的铺垫工作。这让他感觉很憋屈，认为自己的实力没有得到充分发挥。他和朋友说："我的工作就像方便面，曲曲折折，而且加量不加价。"

一转眼，春节就快来了。李信想趁这个假期和父母一起外出旅游，正好把调休用上，可以好好陪陪父母，就提前将行程安排好了，然后去和领导请假。没想到，领导完全不认账，并且说加班是去年的事，当时已经给了加班费，要想调休也只能在去年申请。李信非常生气，但也只能耐着性子继续和领导申请，他说票都已经买好了，辛苦多半年了，想放松一下。但是领导不听解释，还是不肯批准他休假。

李信和张然抱怨这件事。没想到，张然竟然站在领导那头。他说："领导说的没错呀，谁让你今年才提出调休。况且我一个干了六年的老员工，加班了三天，也只敢申请一天调休。你作为新人，哪来的勇气调休三天？你就是一只小绵羊，还真拿自己当火锅店股东了？"

又半年时间过去了，李信终于可以从事一些有技术含量的工作了。此时，业内一项很有含金量的设计大赛开始报名。然而，领导对此事毫不上心，直接将这项工作全权交给了李信。李信冥思苦想，加班加点，终于完成了这项参赛设计。

比赛结果公布的那天，李信的设计获得了一等奖，他开心极了，开始想象自己走上人生巅峰的画面。可定睛一看，作品署的却是领导的名字。李信非常生气，但作为一个"忍辱负重"的职场人，他没有当场拆穿。毕竟，成年人崩溃的时候，都是不喜被人看见和戳穿的，他只好默默地考虑起辞职的事情。

案例中的李信因为自己的各种需要未被满足而对领导的做法

感到不满，产生了强烈的愤怒情绪。他疲于应对机械化的工作，并且他总是无法自由支配属于自己的核心业务，而是被领导的决定左右。面对同事的奚落，他渐渐感到不满，并且因为领导抢走了自己的荣誉而燃起愤怒的火焰，最终萌生辞职的想法。

为什么会愤怒

案例中的李信为什么会愤怒？

心理学家亚伯拉罕·马斯洛（Abraham Maslow）提出的需要层次理论指出，人类的需要从低级到高级共被分为 5 层，即生理需要、安全需要、归属与爱的需要、尊重的需要和自我实现的需要（见图 10-1）。当我们的需要无法被满足时，就会产生愤怒情绪。愤怒是人类的天性，研究显示，3 个月大的婴儿会因为生理需要没有得到满足而产生愤怒情绪，他们通常会用哭闹来表达自己的愤怒。

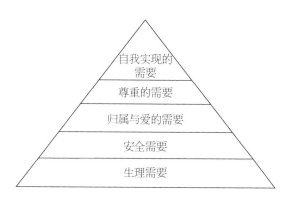

图 10-1　马斯洛需要层次理论示意图

　　除了需要没有得到满足，个人界限受损也是引发愤怒情绪的原因之一。心理咨询师通常把个人界限比喻成泡泡，即让我们感到安全所需的空间。有句话曾广泛流传："当我喜欢你的时候，你说啥就是啥；当我不喜欢你的时候，你说说你是啥。"也就是说，当我们喜欢一个人的时候，彼此的泡泡会交融到一起，个人空间会缩小，两个人会分享彼此的生活。但是当我们不喜欢一个人的时候，如果对方强行进入我们的个人空间，那么我们的泡泡就会炸裂，从而会产生强烈的愤怒情绪。

　　心理学家认为，边界受损通常指两种情况：边界侵入和边界混淆。边界侵入很好理解，是指有人侵犯了我们的边界。比如，在空荡荡的图书馆有人偏偏选择坐在我们旁边的位置上，往往就会引起我们的警惕，这是因为我们觉得自己的边界被侵犯了。而边界混淆更隐秘且难以被觉察，比如当父母想以爱的名义"绑架"孩子时，他们会说"我们都是为了你好才这样的"。其实，这属于父母侵犯了孩子的边界。

因此，愤怒出现的价值就是告诉我们，我们自己的需要没有得到满足或个人界限已被侵犯。然而，愤怒只给了我们信号，并没有告诉我们应该怎样正确地处理当下面临的情况。也就是说，愤怒只是告诉了我们路上有一块碍事的石头，但它没有告诉我们，是应该一脚把石头踢飞，还是该绕开石头走。

愤怒者的类型

美国心理学家罗纳德·波特－埃弗隆（Ronald Potter-Efron）

和帕特丽夏·波特–埃弗隆（Patricia Potter–Efron）的研究显示，愤怒者可以被分为以下几种类型。

回避型愤怒者

回避型愤怒者认为愤怒是一种可怕的情绪，他们不敢产生愤怒之情，这使他们在产生需要的时候，因害怕与人发生冲突而不敢争取，只能自己默默忍受。

怯懦型愤怒者

怯懦型愤怒者通常会隐藏自己的愤怒，有时他们自己都不知道自己已经非常生气了。他们通常什么也不做或者忘记别人要求他们做的事情，并且通过少做、不做或故意拖延让他人失望，从而获得对人生的掌控感。

内向型愤怒者

内向型愤怒者通常认为只有自己才是发泄愤怒的最佳对象。因此，当他们感到愤怒时，会倾向于从自己身上找原因，认为是自己做错了或是自己不好，导致对方做出了让自己生气的事。

突发型愤怒者

突发型愤怒者具有很强的能量，他们的愤怒就像狂风闪电一样，来得快去得也快，造成的负面影响也很大，他们需要很努力才能消除愤怒所带来的不良后果。

羞耻型愤怒者

羞耻型愤怒者通常是缺爱或敏感的人，他们不喜欢自己，并且认为自己不值得被别人喜欢。他们会因为他人的负面评价而异常生气，并且予以反击。然而通过这种方式隐藏自己的羞耻感并不会让他们感到舒服，反而会让他们因为失控而感觉更糟。

故意型愤怒者

故意型愤怒者通常对权力和掌控感十分着迷，他们并没有真的生气，只是通过故意发脾气的方式让他人妥协，从而达到自己的目的。

兴奋型愤怒者

兴奋型愤怒者喜欢寻求刺激，喜欢那种伴随愤怒暴发产生的力量，这让他们感觉自己还活着。

习惯型愤怒者

　　习惯型愤怒者对一切事情都看不惯，会因为一些常人毫不在意的事情而生气。身边人完全不知道自己为什么惹他们生气了，进而会不愿意接近他们。

恐惧型愤怒者

　　恐惧型愤怒者通常对他人极度缺乏信任。对他人的不信任感会让他们寻找别人攻击或针对他的证据。于是，他们的恐惧会激发其愤怒情绪及攻击行为的产生。

道德型愤怒者

　　道德型愤怒者往往具有"非黑即白"的信念，在他们看来，不管别人有什么样的理由，违反规则就是不可饶恕的事情。他们对自己的道德观具有强烈的优越感，并且认为自己是有理由感到愤怒的，不会为自己的愤怒感到羞愧。

仇恨型愤怒者

仇恨型愤怒者常常把自己当作无辜的受害者，并且完全无法原谅他人。长此以往，他们会沉浸在痛苦和抑郁中，产生很多心理上的问题。

愤怒的表达方式

精神分析大师弗洛伊德认为，如果人们无法释放自己的情绪，愤怒的情绪就会逐渐堆积在心里，最终就像洪水一样冲破心灵的堤坝，造成毁灭性打击，让人们不堪重负。生活中，人们表达愤怒的形式通常有 3 种，即攻击、退缩和被动攻击。

攻击

批评、指责、威胁、讽刺、大吼大叫、跺脚、砸东西等行为都是人们公开表达愤怒的方式，有时他们还会出现极端暴力行为。

拒绝（退缩）

当人们把自己的内在情绪压抑下去，摆出冷冰冰的表情，默默地离开那些让他们感到痛苦的人，就是在用拒绝（退缩）的方式应对自己的愤怒情绪。他们不再与对方产生联结，不和对方说话，躲起来，或者回到自己的房间并锁上门。

被动攻击

这是一种隐秘的表达愤怒的方式，很难被觉察，因为当事人只是看起来有些冷淡或满不在乎。比如，当你问伴侣自己能不能和朋友出去玩时，对方说："随你便。"你以为伴侣同意了，其实他们的潜台词却是："去吧去吧，你就是不喜欢和我一起打发时间，总把我一个人扔在家里，却和其他人聊得火热。"这代表他们此时已经愤怒了。

如何更好地化解愤怒

愤怒的背后总是隐藏着痛苦，但不分青红皂白地乱发脾气也是一种不理智的行为。网上有一段被转发多次的对话，女生问男朋友："你知道我为什么生气吗？"男生说："因为你不知道除了愤怒还有什么有用的沟通方式。"心理学家卡罗尔·塔夫瑞斯（Carol Tavris）在《愤怒：被误解的情绪》（*Anger：The Misunderstood Emotion*）中写道："愤怒是一种人类的情绪，只有人类才能评价别人行为的意图、正当性和过失。每一件引起你愤怒的事件都包含了一系列瞬间的决定。"其实，愤怒可以通过很多种方式进行化解，不恰当的方式有时会让我们付出惨痛的代价，那么如何才能化解自己的愤怒情绪呢？

允许自己产生愤怒的情绪

没有哪一种情绪体验会伤害其他人，我们只有当因体验而产生行动时，才会对他人造成伤害。因此，我们在处理愤怒情绪时，应该学会用体验代替压抑。

心智成熟的人通常能够很好地区分情绪体验和具体行动。如果愤怒的情绪长期得不到释放，不断地被压抑，会造成什么样的后果呢？后果有二：一是向内转化为自责；二是向外转化为焦虑。比如，一个正在减肥的人长期克制自己吃东西的欲望，这种人类生存的本能就会疯狂反扑，也许有一天，他会报复性地暴饮暴食。这种自我放弃的行为，既会让当事人产生强烈的自责情绪，又会让他感到焦虑不安。

使用安全岛

当我们被愤怒之情胁迫时，不妨试试使用安全岛练习法。

□ 练习

请找到一个安静的地方坐好，然后在自己的心里寻找一处安全且舒适的小岛。这个小岛既可以是你虚构出来的，也可以是你去过的、真实的地方。

现在请你留意自己所看到的一切，这里的温度如何，气候如何，空气中的味道如何？如果这个小岛上有你不喜欢的东西，不妨施个魔法将它变成你喜欢的东西。

你可以问问自己是否需要给这座小岛设置一道屏障，这样一来，这个小岛就可以被隔绝开来，没有你的允许，其他人都无法靠近。

现在请你想想，你是否愿意让一个或几个小动物在小岛上安家，这些小动物可以为你带来关怀和温暖，不过不要请和你有关系的人进来。

在你完成这个小岛的建设工作后，思考一下是否还有其他物品可以让你感到安全和舒适，然后把它带进你的小岛。

现在，你的感受如何？你体会到了什么？如果一切都很好，你可以设置一个开启这个小岛的手势，之后你只要做出这个手势，就可以随时回到这个让你感到安全的地方。你也可以为自己的小岛起个名字，以便于随时将小岛唤醒。

在你感到怒火冲天、难以遏制时，请将自己带到这个小岛上，你会被暖暖的海风吹拂着，耳旁是海鸥的鸣叫，脚下踩的是浪花，一切都是那么安全和美好。慢慢地，你的怒气也就消散了。

倒着数数

当我们感到愤怒时，通常会立刻采取行动表达自己的情绪。那么，在这关键的最初几秒时间里，如果我们能转移自己的注意力，就可以成功地应对突发的怒火。转移注意力的方法有很多，我们可以找到自己最喜欢且最容易使用的方法，这里介绍一种方法——倒着数数。

☐ 练习

我们要给倒着数数增加一些难度，不是简单地从 10

数到 1 就可以。我们可以从 100 开始，每 4 个数数一次，

比如 100，96，92，88……通过这种方式，我们可以尽

量避免愤怒的自动化反应。

观察周围白色的物品

当我们感到愤怒时，脑海里会有各种各样的想法不断翻腾，

很难安静下来。这时的我们很难有正确的行为，此时，我们可以

让大脑安静下来，彻底放空，不妨试试下面这个放空练习。

练习

在周围环境中找一种白色的物品，它既可以是墙，也可以是纸，全神贯注地盯着这个物品，停止思考。慢慢地，你会发现自己的心静了下来。

此时此地

愤怒会让我们忽视当下周围的环境，转而在脑海中不断回放过去遭受的不公待遇，或者不断地设想自己将如何反抗。因此，把思绪拉回当下显得尤为重要，用非利手做事就是一个帮助我们体验当下的好方法。

练习

用非利手做事，简单来说，就是用左手（如果你是右利手）去做日常生活中的事情，比如用筷子、用剪刀等。这时，我们的注意力会自然而然地转移到当下，关注自己此时此地的状态。

暂停法

当双方都处于一触即发的愤怒状态时，按下暂停键，和对方说："咱们现在都有些情绪激动，很难进行有效的沟通，不如双方都休息 5 分钟，然后再继续讨论如何？"休息过后，如果双方的情绪都得到了一定程度的缓解，就可以试着继续沟通。

具象化

愤怒看不见、摸不着，却会对我们的生活产生很大的影响。如果我们将愤怒具象化，把它想象成一个具体的样子，用看得见的形式去表达愤怒，以此转移自己的注意力，愤怒就会被缓解。

□ 练习

你的愤怒是什么形状，什么颜色的？是液体、固体
还是气体？摸上去是毛茸茸的还是光溜溜的？是烫的还
是凉的？

写愤怒日记

写愤怒日记是一种有效地帮助我们梳理自己情绪的方式，可
以提高我们对情绪的耐受性，改善易激惹体质。愤怒日记里可以
写的内容很多，比如让我们产生怒火的导火索，我们生气的时间、
地点、内容。通过这些记录，你会发现原来自己在上班的路上更
容易因为琐事生气，面对家人时愤怒的强度更高。

如果想获得更彻底的改变，我们可以对自己的愤怒日记进行分析，找到错误的想法，最后重写这个场景。比如，我们先写下引起我们愤怒的事情，如"舍友未经许可，用了我的洗面奶"；然后分析让我们产生愤怒情绪的错误想法，如"对方不尊重我"；最后重写这件事，"舍友未经许可，用了我的洗面奶，是因为我当时没在宿舍，并且对方有急事要出门，所以忘了和我说"。

榜样的力量

著名心理学家阿尔伯特·班杜拉（Albert Bandura）通过波波玩偶实验证明了儿童会通过模仿学习大人的攻击行为。那么反过来，我们是不是也可以通过在生活中寻找一个榜样，把自己当成对方，改变自己的想法，去重新塑造自己的性格，从而降低自己因愤怒产生攻击行为的概率呢？比如，我们可以想象一下，如果

我们的榜样在被领导训斥后，会如何思考，如何行事？也许他会
采取积极的回应方式，如向领导请教改进措施，然后自己积极改
变，而不是消极的回应方式，如回到工位上抱怨。

第十一章 手里拿着锤子，看谁都像钉子

ELEVEN

　　欧云星觉得自己的丈夫张超最近的行为有点反常，她注意到张超这几天在不经意间夸奖了徐颖好几回。徐颖是欧云星读书时就认识的好朋友，她长相甜美，身材健美，是很多男生心中的女神。徐颖的性格也很豪爽，在欧云星家庭陷入财政危机时，徐颖爽快地拿出自己仅有的 10 万元积蓄，帮助他们度过了危机。作为回报，当徐颖在单位里遭遇不公平的对待时，欧云星劝创业成功的老公将徐颖招进自家开的公司工作，徐颖凭借自己超强的工作能力，迅速成为张超的左膀右臂。刚开始，欧云星觉得并无不妥之处，还十分自豪地认为自己为丈夫找到了一位得力干将。直到最近，张超的口中三句话不离徐颖，这让欧云星的心头笼罩了一丝乌云。

　　欧云星原本也是一名独立的知识女性，拥有很好的家庭条件。

她在陪伴张超创业成功后，便留在家里相夫教子，过上了无忧无虑的生活，尽管徐颖并无此意，但欧云星单方面地感受到了来自徐颖的威胁。

上周，张超告知欧云星，他要和徐颖一起去外地出差。欧云星立刻提高了警惕，她觉得张超这次出差的意义不同寻常，他很有可能在这次出差的途中和徐颖走得很近。她总觉得张超在拿她和徐颖作比较，这让她火冒三丈。但她又不敢直接指责张超，毕竟她拿不出证据，又害怕惹老公生气。欧云星没有意识到正发生在自己身上的改变，她变得暴躁易怒，时常找出一些微不足道的理由骂张超，甚至会在张超出差回家后跟踪他。

有一次，张超发现欧云星在尾随自己，他觉得莫名其妙。不堪忍受的张超警告欧云星，如果欧云星一意孤行地怀疑他，他很有可能考虑离婚。这让欧云星更加确信张超已经婚内出轨。

后来，欧云星得知，原来那次出差，徐颖家里有事，但她毫不知情。那一刻，欧云星觉得自己简直是中了邪。她发现自己因为嫉妒心竟然做出了这么多的荒唐事：她一帧一帧地回看张超车上的行车记录仪，想看看张超是否去见了徐颖；她趁着张超洗澡，偷偷查看他的微信聊天记录和消费记录；她甚至来到张超所在的健身房，只是因为她听说徐颖也在健身，虽然她根本不知道徐颖在哪家健身房。

嫉妒让欧云星变得疑神疑鬼，她总觉得自己应该做些什么，总觉得自己能发现什么蛛丝马迹。事实上，张超是一个非常顾家且有责任心的男人，从来没有做出过什么对不起家庭的事。此刻，欧云星后悔极了，她发现自己将大把美好的时光都浪费在了嫉妒上。

嫉妒本身不是问题

对案例中的欧云星来说，徐颖是她的闺蜜，甚至在她的家庭出现财务危机时，热情地伸出援手帮了她一把，她却在徐颖成为老公工作上的得力助手后，逐渐滋生嫉妒之情，做出很多疯狂的举动，打破了平静的生活。那么，嫉妒究竟是一种什么样的复杂情绪，为何会让生活幸福美满的欧云星丧失了理智？

从古至今，嫉妒存在于地球上的各个角落，不分国别，不分年龄。嫉妒就像爱一样，是一种生活中非常常见的情绪。当我们的生活一帆风顺时，嫉妒的存在并不明显；但当我们处于逆境中、对人生感到失望时，嫉妒往往就会露出它的真面目。

几乎每个人都产生过嫉妒的情绪，而引发我们嫉妒情绪的人也许是我们的兄弟姐妹、朋友、恋人、同事等。嫉妒往往涉及三个人，正是第三个人的出现，让我们感到自己和重要的人之间的特定关系受到了威胁，从而诱发了我们的嫉妒心理。比如，害怕恋人不喜欢我们，转而对他人产生兴趣，这种担心被抛弃的危机感引发了我们对第三个人的嫉妒心理。

嫉妒和羡慕有时很像，它们都是我们在竞争中"技不如人"时产生的情绪。羡慕是指当我们发现自己远不如别人，且无论怎么努力都无法超过对方时产生的一种情绪。而让我们感到嫉妒的，通常都是与我们条件相仿，却比我们更优秀的人。举个例子，我们羡慕世界首富腰缠万贯，却嫉妒同事的年终奖比我们多。换句话说，羡慕的核心是比较，嫉妒的核心是威胁。羡慕是我们希望自己能像对方一样优秀，而嫉妒是看到别人比自己优秀就不舒服。

嫉妒通常包含了很多种强烈的消极情绪，比如愤怒、焦虑、恐惧、绝望等。嫉妒是一种常见的情绪，仅有嫉妒的想法并不会产生什么可怕的后果，但因强烈的嫉妒引发的不良行为会让人身陷囹圄。

嫉妒如何让人变得面目全非

嫉妒是一种强烈的情绪，因嫉妒引发的不良行为会对个人和社会都造成严重的影响。嫉妒会导致我们做出很多负面行为，如对他人失去信任、害怕被抛弃、开始攻击他人等。当我们产生嫉妒情绪并因此做出行为改变时，我们的大脑和身体就好像都不再属于自己了。可以说，导致嫉妒的四大因素包括核心观念、制定评价标准、不合理信念、焦虑与反刍。在四大因素的作用之下，我们会不由自主地开启体内的"威胁检测系统"，按照自己的逻辑分析事情、夸大事情的重要性，然后产生恐惧的情绪。

核心观念

核心观念是指我们对这个世界的基本看法，它就像我们一直戴着的墨镜，影响着我们对外部世界的真实判断。尽管我们都知道"想法只是想法，不是事实"，嫉妒却用它的影响力破坏着我们的理智，让我们坚信自己的想法就是对的。那些引起我们嫉妒情绪的核心观念通常是消极的，如果恰巧我们中了嫉妒的圈套，便很难正确地认识世界。

核心观念让我们失去理智的另一个原因是自证预言，即我们倾向于关注那些能够证明我们观点的信息。例如，如果你的核心观念是"男人都是不值得信赖的"，那么当你看到跑鞋还在家里时，便会断定男朋友在撒谎，他并没有出去锻炼身体。然后继续想，他为什么撒谎呢，一定是去见前女友了！事实上，男朋友可能是穿上了新买的运动鞋出去锻炼了。

制定评价标准

　　每个人都会有自己的一套评价标准，它可以是制度、想法，也可能是假设。这套评价标准在潜意识中影响着我们对事实的判断，它根植于我们的大脑，让我们相信它能够护我们周全，并且只要执行这些评价标准，我们就能掌控自己的将来。但不得不说，有些不合理的评价标准会引发我们产生嫉妒之情。比如，对内评价标准："我只有不断地讨好别人，才能让他们不抛弃我""我必须时刻拥有好心情"；对外评价标准："如果我信任他人，就给了他人伤害我的机会""为了促进我们的感情，我必须掌握男朋友的一举一动"。

不合理信念

当我们被以下这些不合理信念掌控时，便会在不知不觉间产生嫉妒的情绪。

• 妄加推测。没有任何事实根据便想当然地作出判断。比如："她打扮得这么花枝招展，就是为了吸引我的男朋友。"

• 对未来感到悲观。对未来看不到希望，认为事情肯定会有一个悲惨的结局。比如："我们俩迟早会离婚。"

• 看不到积极的表现。总是忽视发生在自己身上的好事。比如："虽然她对我很好，但也许这是因为她背叛了我而对我有愧。"

• 只关注消极的表现，总是将注意力集中在坏事上。比如："他昨天没有给我打电话，他肯定不爱我了。"

• 以偏概全，把只发生过一次的事情当成全部。比如："他这个月忘记了我的生理期，他一定是不爱我了。"

• 推卸责任，认为别人应该对自己负责。比如："我和他吵架都是因为他没有给我足够的安全感。"

焦虑和反刍

著名认知心理学家罗伯特·莱希（Robert Leahy）认为，导致嫉妒产生的第四个因素是焦虑和反刍，也就是说，对未来的担忧以及停留在这种负面情绪中。例如，当脑海中突然产生"我是一个无聊的人"的想法时，如果我们选择接受或反驳，便不会持续性地在这个想法上纠缠。但如果我们将焦虑的因素也加入其中，那么我们就会像陷入了沼泽一般，不断地为这个想法寻找依据。"上次开会轮到我发言时，领导连头都没有抬"，这些证据会让我们越来越焦虑，并且让我们沉浸在消极的情绪中，无法脱身。

如何逃离嫉妒的魔爪

威廉·莎士比亚（William Shakespeare）说过："你要留心嫉妒啊，那是一个绿眼怪物，谁做了它的猎物，就要受它的玩弄。"

确实，在日常生活中，每个人都会在某个时刻冒出嫉妒的念头。我们就像被一只叫作嫉妒的怪兽盯上，但它没有一口将我们吞入腹中，而是像猫捉弄老鼠一样玩弄着我们。这时，害怕、恐惧、自我怀疑、痛苦等消极情绪一股脑儿地向我们袭来。这只怪兽不停地在我们的耳边叫嚣，我们的想法和情绪被它搞得一团糟，那么，我们该如何逃离嫉妒的魔爪呢？

自我接纳

很多人偏执且不切实际地认为自己的生活就应该被愉悦、平和的情绪填满，如果出现了类似嫉妒、焦虑、愤怒等消极情绪，就应该尽快将它们赶走。事实是，不如意和失落等情绪会在我们的生命中占据一席之地。如果我们过分刻意地追求心平气和的状态，就会强迫自己否定痛苦的存在，从而让自己陷入失控的状态。我们越是想要摆脱负面想法带来的困扰，就越会感到不安和彷徨，因为似乎没有一种办法可以产生立竿见影的效果。

在心理学家的建议下，有些人在自己的手腕处戴上了一根皮筋，每当不想要的想法或情绪出现时，他们就会拿皮筋弹自己一下以示惩罚。这种被心理学家称为思维阻断的行为会使人在潜意识中暗示自己负面情绪是很可怕的，因此，我们应该尽量避免这种想法。这种做法不是长久之计，没有人会自觉地一直惩罚自己。事实上，我们会源源不断地产生各种想法，想阻碍这些想法就像拍皮球一样，我们越是使劲地把皮球拍下去，皮球就会弹得越高，自我接纳才是一个更有效的方法。

与嫉妒共处。弗洛伊德认为嫉妒是一种感情状态，它像悲伤一样正常。既然嫉妒是一种正常的情绪，我们不妨在心中给它留出一点空间。无论嫉妒如何纠缠我们，只要它没有试图"谋朝篡位"，没有完全掌控我们的情绪，不如就让它待在原地，和我们保持和平共处的状态。这并不是说我们要妥协、受嫉妒的摆布、按它的想法行事，而是我们不要去过度关注嫉妒，从它的胁迫中挣脱出来，给自己一点喘息的机会。

正视嫉妒。面对无孔不入的嫉妒，无计可施的我们常常会采取逃避或压抑的办法来应对，但这种办法收效甚微，我们可以试试直面自己的感情。只有正视嫉妒，并且承认自己的痛苦，我们才会理性地进一步分析，究竟是什么导致了我们的痛苦。比如，我们可以告诉自己："每个人都会产生嫉妒心理，我也不例外，这是很正常的现象。尽管嫉妒让我感到不适，但我要学会接受它。"

退后一步审视嫉妒。与自己的嫉妒心保持一定的距离可以帮助我们更好地观察自己的不合理信念。我们可以产生嫉妒的想法和感受，但要不要受嫉妒的支配采取行动取决于我们自己。我们可以试着问问自己："我真的允许嫉妒掌控我的心情吗？如果我任由嫉妒肆意蔓延，会导致什么样的后果？也许其中有什么误会？我是不是误解了什么？有没有更好的办法可以解决这个问题？"

对嫉妒视而不见

当我们试图压制负面想法时，我们会发现自己将更多的注意力分配给了这种想法。这就像房间的地板上本来有一块污迹，如果我们没有发现它，那么它就在那里，既不碍我们的事，也不影响我们的心情。但当我们准备打扫卫生时，我们便会集中精力，努力地寻找每一处污迹，反而放大了这些污迹的存在。

令人遗憾的是，我们的负面想法并不像地板上的污迹一样，被清除了就没有了，它会不断地产生。所以，试图将负面想法从自己的脑海中赶走只是一个治标不治本的方法，我们不妨试试对嫉妒视而不见。

我们可以把自己的大脑想象成一间厨房，橱柜里装满了各种各样的瓶瓶罐罐，罐子里装满了酸甜苦辣各种情绪，一个装有嫉妒的罐子就被放在橱柜的角落里。橱柜里的罐子有时会变多，有时会减少，拿出哪个罐子里的东西来做调料取决于我们的口味和心情。或许这些罐子有自己的保质期，现在对我们而言至关重要的事，过了一年再看就无足轻重了。又或许这个日期并不重要，在某个时候，我们自然会把它扔掉。

无聊制胜

不知道大家有没有试过将一本小说阅读 200 遍？也许这本小说讲述了我们最喜欢的故事，第一遍看时，我们如获至宝，很难想象竟然有人可以写出如此精彩的情节。我们废寝忘食地读着，看了一遍又一遍，每次都能发现新的细节，我们几乎将这本书翻烂，甚至能背下来其中的每一个字，但总有一天，我们会对这本书失去兴趣。如果用这个方法来应对嫉妒，会产生什么样的结果呢？

□ 练习

首先，从你的脑海里找到一个嫉妒的想法；然后，默念这个想法 200 遍，如果 200 遍不够，可以将其重复 500 遍，这并不会花很长时间。也许你在默念第 50 遍时会体会到强烈的嫉妒之情，但不要着急，继续慢慢地默

念这句话。最终，当一遍又一遍的重复让你感到无聊极了，
嫉妒的感觉也就减弱了。

自我诘问

我们每时每刻都会有很多新的想法产生，其中大部分想法会
自行消散，但当这个想法与嫉妒有关时，我们就会花很多时间在
这个想法上纠缠。为了避免时间被浪费，我们可以通过自我诘问
的方式发现想法中的不合理之处。

首先，我们需要问问自己："这个嫉妒的想法是否有价值？"
举个例子，有价值的担忧，如"我完成工作了吗"是我们可以立
刻着手解决的；而无效且没有价值的担忧，就像无论我们做什么
都无法保证恋人会永远爱我们一样，只能引起我们强烈的焦虑感。

其次，我们需要问问自己："让我们感到嫉妒的事是不是事
实？"有时，一个出现在脑海里的图片或想法会唤起我们的情绪，
让我们产生真实的感受。但想法和情绪并不能代表事实，我们实

在无须将过多的精力浪费在这些感受上。

最后，我们需要问问自己："嫉妒的想法是否有其不合理的地方？"

不合理的信念与合理的信念的对比见表 11-1。

表 11-1　不合理的信念与合理的信念的对比

不合理的信念	合理的信念
妄加推测："她打扮得这么花枝招展，就是为了吸引我的男朋友。"	"她打扮得这么好看，是为了取悦自己。"
对未来感到悲观："我们俩迟早会离婚。"	"我们俩最后是否会离婚取决于很多事情。"
看不到积极的表现："虽然她对我很好，但也许这是因为她背叛了我而对我有愧。"	"她对我很好是因为她爱我，而且我值得被爱。"
只关注消极的表现："他昨天没有给我打电话，他肯定不爱我了。"	"他昨天没有给我打电话，可能是因为他太忙了。"
以偏概全："他这个月忘记了我的生理期，他一定是不爱我了。"	"他这个月忘记了我的生理期，只是因为他最近有很多烦心事。"
推卸责任："我和他吵架都是因为他没有给我足够的安全感。"	"我和他吵架的原因有很多，既有他的问题，也有我的问题。"

　　换个角度思考，其实适度的嫉妒对我们来说也是一件好事，我们完全可以利用嫉妒的情绪提升自我。当遇到让我们感到嫉妒的人时，可以好好想想为何他能这么优秀，他的身上有哪些值得我们学习的地方，此时，嫉妒就能促进我们的成长和蜕变。

第十二章　给我以指点可以，但不要在背后对我指指点点

TWELVE

　　苏苏刚进入公司的时候，张燕京是她的直属上司，但其实两个人的年龄相差无几。张燕京做事雷厉风行且为人爽快、大方，很受下属的爱戴。苏苏非常欣赏张燕京为人处世的风格，她在张燕京的带领下迅速摆脱了职场新人的焦虑感，很快融入了公司这个大家庭。慢慢地，两个人成了好朋友。

　　张燕京做事不拘小节，她想让自己的团队快速获得更好的业绩，给公司创造更大的价值，但她负责的项目有时难免会有一些小瑕疵。不过，她在单位的人缘很好，所以从来没有人因为这些事情为难过她，然而，这被比苏苏入职还晚的邢克明看在了眼里。

　　在一次人事调动中，邢克明通过种种手段顶替了张燕京的位置。苏苏很奇怪邢克明是如何迫使工作能力和人缘都非常好的张燕京主动辞职的，她隐约从同事口中听到风言风语，邢克明的晋升原因也说不清道不明。她很鄙视邢克明的"见荣誉就上，见困难就躲"的工作风格，也对他为自己规划的工作安排感到不满。她现在最厌烦的就是每周的部门例会，每当邢克明说"我们是一个大家庭，大家要共同努力"时，她就会在心里翻一个大大的白眼。苏苏知道，部门其他同事和她的看法一致，大家甚至建了个微信群，在群里一起吐槽邢克明的种种"事迹"。他们对邢克明品头论足，从他的衣着打扮再到打电话时的声音语调。

董事长并不知道邢克明的领导能力有问题，也不知道苏苏和同事们的消极抵抗，只是对这个部门越来越差的业绩感到奇怪。有一次，在部门例会上，邢克明对新的竞标项目提出了自己的想法，并且征求大家的意见。虽然同事们都觉得邢克明的方案可行性很低，却没有一个人给出恰当的回应，大家只是象征性地表示赞许。最终，邢克明按照自己的想法向公司提交了方案。

在全公司的项目讨论会上，邢克明的方案反响平平，这让他十分不解。更让他感到惊讶的是，在会上竟然没有一个下属对他表示支持。最终，他的方案被淘汰。董事长对邢克明说："也许你应该多花些时间来看看自己的团队出了什么问题。"

何谓隐形攻击

　　案例中，苏苏和她的同事们其实就是隐形攻击者。虽然他们在表面上一团和气，但这样的团队大概率无法真正发挥积极作用，创造价值。他们表面上都是一副支持领导决策的样子，实际上全盘否定领导的一言一行，甚至消极怠工，从而导致部门业绩越来越差。他们清楚地知道自己的行为无论对自己还是对公司都毫无益处，他们在乎的不是输赢，而是每一次报复的机会。这就是隐性攻击在职场中产生的危害，这种危害有时比直接攻击更加可怕。

　　隐形攻击，又称被动攻击，这个概念是第二次世界大战期间精神病医生威廉·门宁格（William Menninger）提出的。他发现，一些士兵为了逃避上级的高压政策，会采取如撤退等非暴力的温和方式进行抵抗。结合当下的生活，在一般失衡的关系中，如果一方过于强势，让处于弱势地位的一方无法畅快地表达自己的想法和感受，后者的"隐形攻击"的防御机制就会被触发。所谓隐形攻击，是指人际交往中弱势的一方通过如回避、冷战、拖延、传播流言蜚语、不合作、不作为等间接的、消极的、恶劣的方式，向强势的一方宣泄自己因种种矛盾而积累下来的怨气。

隐形攻击者的心理是复杂且矛盾的。有的人会问，一个人怎么可能同时处在隐形（被动）和攻击的状态中呢？也许这个人是在隐形性与被动性之间不断切换，要么故意攻击别人，要么低调做事？隐形攻击者同时保持这两种特性的方法就是在进行攻击时放弃攻击行为。因此，我们往往很难一眼识破他们的诡计。

隐形攻击者就像是一团棉花。我们怒不可遏地出拳打它，它却毫发无损地承受住了我们的攻击，而我们不得不在疲惫中选择放弃。让我们颇为无奈的是，棉花并没有以牙还牙，它只是借着我们愤怒的力量赢得了最后的胜利。

隐形攻击与愤怒密不可分，它就像一颗定时炸弹，随时会给人们带来伤害。隐形攻击让人们长期处在压力之下，并且产生焦虑等对抗性情绪。心理学家发现，隐形攻击会通过不断积累的消极情绪，最终以过度肥胖、高血压等疾病的方式对我们的身体造成实质性伤害。

隐形攻击是如何产生的

　　根据心理学家蒂姆·墨菲（Tim Murphy）和劳丽安·奥柏林（Loriann Oberlin）的研究，一方面，有着愤怒和精神疾病家族史的人相较于普通人而言，更容易出现隐形攻击的行为；另一方面，童年经历对一个人的影响也十分深刻，那些在早期经历过伤害和创伤的人更容易爆发出强烈的愤怒情绪，他们在长大后更容易成为隐形攻击者。

　　首先，隐形攻击者在小时候通常会用沉默来应对父母，这是他们当时所知道的为数不多的应对方法。当父母要求孩子听话，孩子却反抗的时候；当孩子提出想要某样东西，父母却不想买的时候，有的父母会用语言羞辱孩子。当父母对孩子的话置若罔闻，甚至用孩子的话反过来攻击孩子的时候，对孩子来说，或许唯有忍气吞声才能抵御父母进一步的伤害。当孩子习惯了用沉默作为武器来保护自己时，长大后的他们就很容易成为隐形攻击者。

其次，根据著名心理学家爱利克·埃里克森（Erik Erikson）的理论，人的自我意识发展会持续一生，每个阶段的任务成败都会对人格产生巨大的影响。因此，当孩子在尝试完成自己的发展任务时，如果父母没有足够的耐心，孩子就会产生退缩行为。这些孩子渴望被爱，渴望向公众表现出自己好的一面，所以他们会努力尝试，甚至不惜做出一些冒险的行为让自己获得肯定。相反，如果孩子认为自己很难改变，无法得到大众的认可，他们就会倾向于做出隐形攻击。

再次，如果孩子未能和父母建立健康的依恋关系，双方之间沟通受阻，或者成长的家庭环境充满敌意，他们往往会通过隐形攻击悄悄地发泄自己的愤怒之情。当他们慢慢长大，进入分离个体化阶段，他们可以自主进行很多探索活动，渐渐地就会产生

"也许我能够在一定程度上掌控自己人生"的想法。这时的他们是矛盾的，他们不断地在"争取独立"与"寻求庇护"之间摇摆。一方面，他们想要摆脱父母的看管，四处探索；另一方面，他们又害怕与父母分离，并为此感到焦虑。如果父母一直插手孩子的事情，孩子即使已经长大，也会产生严重的逆反心理。如果孩子无法公开表示自己的愤怒，就会采用制造麻烦等间接方式来表达自己的不满。

此外，如果孩子从小缺少和同龄人一起玩耍、成长的机会，无法发展正常的社交技能，那么他们很难通过人际互动了解愤怒的情绪应该如何表达，也很容易发展成隐形攻击者。

当然，父母对孩子真实的态度与孩子所认为的父母对自己的态度是两回事，有的隐形攻击者很难感觉到爱，他们顽固、倔强且不愿意与人合作。因此，孩子成长为隐形攻击者并不意味着他们的父母吝于称赞他们，更不代表他们的父母蛮不讲理。有的父母会对孩子提出明确的要求，并且设置了明确的奖惩措施，但孩子却认为父母对自己的要求太苛刻，认为他们充满了控制欲。在一定程度上，是缺乏有效沟通的家庭氛围导致这些孩子成长为隐形攻击者。

隐形攻击者的惯用伎俩

隐形攻击者是怎样让周围的人感到自责的

隐形攻击者总是有办法让周围的人瞬间产生暴躁和愤怒的情绪。当怒火不断升级时，人们甚至会做出一些从没有过的暴力行为，比如言辞激烈的指责、摔杯子、撕碎纸片等。当我们意识到自己已经变成了一个极具攻击性的人时，会突然停下来，反思自己的行为并感到自责，然后做出妥协，承认自己的攻击倾向，最后反过来向隐形攻击者道歉。

我们本可以用自己的理智判断出他的敌意，但我们轻信了他想让我们相信的现实，然后将全部精力用来怀疑自己。隐形攻击者用种种伎俩让我们把自己的不满归因于自己的敏感和过度反应，而不是他的敷衍。

　　隐形攻击者还很擅长模糊人与人之间的界限。当双方的界限消失时，隐形攻击者就把自己的愤怒情绪转嫁给对方，这时情感投射反而成了对身边人的枷锁。隐形攻击者并不想改变自己，也不想消除周围人的疑惑，他们只想利用其他人的感情来逃避责任。

他人是如何助长隐形攻击者的气焰的

　　当我们在指责隐形攻击者的不合作行为时，有没有想过是否是因为自己做了什么才导致对方使用隐形攻击的策略？值得注意的是，如果没有我们的配合，对方的隐形攻击行为将毫无用武之地。

　　举个例子，当你与某个隐形攻击者相识，然后正处在热恋期，他对你的态度忽冷忽热，总是做出一些无法兑现的承诺，但你并没有拆穿他的伎俩，而是选择相信他、谅解他。你盲目地相信他的说法，任凭事态发展，甚至替他的行为辩解。你的这些做法让他感到很安全，他清楚地知道反正你总是会接受他的说法，原谅他的行为，替他承担义务，于是他随心所欲地对你发起了一次又一次的隐形攻击。

我们的做法将在不经意间强化二人的相处模式，但总有一天，我们会为对方的借口感到厌烦，不愿意一再地原谅他的"疏忽"。此时，我们要做的就是改变，我们要时刻保持警惕，不要被人利用，树立自己的界限，不对对方的反应做出让步。

如何避免成为隐形攻击的牺牲者

识别隐形攻击者的花招

从表面上看，隐形攻击者是个顺从的老好人，实际上，他们的心中隐藏着不为人知的一面——他们也会嫉妒，也会自私，也会生气。隐形攻击者通常是一个心里充满了矛盾和冲突的人，他们有着很多让人捉摸不透且难以理解的想法。他们害怕别人看出自己的愤怒，所以一直生活在愤怒和恐惧之中，并且戴上天真、无辜的面具伪装自己。隐形攻击者就是通过这种方式让我们觉得自己是一个很苛刻的人，他们会让我们后悔怀疑他的动机，进而感到自责。为了摆脱隐形攻击，我们首先要做的就是识别他们的花招。

第一，蓄意阻挠。隐形攻击者会承诺帮助我们达成心愿，但当我们问到具体的时间时，他却闭口不谈，故意拖延，让我们产生挫败感。有的隐形攻击者甚至会完全忘记自己的承诺，故意阻止事情的顺利发展。

第二，制造混乱。隐形攻击者总是把事情处理到一半就收手，这让他的世界充满了悬而未决的问题。如果我们与他们一同工作，那么我们将会对这些他制造出来的混乱局面感到痛苦。

第三，认为自己是无辜的。隐形攻击者总是抗议别人对自己的不公，却从不承认自己的错误。为了免受批评和指责，他们会把自己扮演成一个正在被我们的非分要求和无端指责而折磨的无辜的人。

第四，找借口。隐形攻击者会为自己没能履行承诺找出各种各样的借口，比如堵车、生病、被人刁难等。为了逃避指责，他们非常擅长编造谎言。

第五，拖延。对隐形攻击者来说，截止日期是不存在的，当他们面临自己不喜欢的任务时，拖延是他们惯用的伎俩。

第六，迟到。隐形攻击者会通过故意迟到激发周围人的怒火。这种让别人无限期等待的行为是他们企图掌控双方关系的手段。

第七，健忘。隐形攻击者会选择性地遗忘那些他们不喜欢的事情来逃避自己的义务。虽然他们的借口很拙劣，无法让人信服，但其他人对他也无可奈何。

第八，不清楚的说话方式。在日常对话中，"或许""大概""有可能"这种模棱两可的词是隐形攻击者最常用到的。如果我们向他询问对某件事的看法，可能直到最后，我们还是无法明确他的态度。

树立个人底线

每个人都有表达自己愤怒的权利，但不计后果地肆意伤害他人并不是一个正确的发泄愤怒的方法。我们不是出气筒，无须随时承受来自隐形攻击者的打击，但想要让隐形攻击者改变是一件很难的事，因此我们首先要做的就是保护自己免受对方破坏性行为的伤害。我们要弄清楚自己想要的是什么，然后温和而坚定地告诉隐形攻击者我们的想法，比如我们想让他不再找借口、想让他兑现自己的承诺、想让他履行自己的义务等。明确个人底线的目的是向他传递一件事，即我们不是好欺负的人，我们应该被更好地对待。

此外，坚持自己的原则是一件非常重要的事。如果我们向对方传达了自己的态度后，却仍然一再陷入以往的相处模式，只会让隐形攻击者认为我们优柔寡断，认为他们可以随意摆布我们，从而更加得心应手地利用我们。

帮助隐形攻击者学会表达自己的愤怒

应对隐藏敌意的一个好办法就是让隐形攻击者相信可以表达愤怒，但在向他们表达想法时，我们需要格外注意自己的语气，尽量选择合适的方式让其能够放心地表达自己的愤怒。其实，暗戳戳地攻击对方和发自内心地提意见只有一线之隔，所以在沟通中，我们要做到不粗鲁、不生硬、不拆台、不揭短、不直白、不伤人。我们必须知道，攻击隐形攻击者不仅没有意义，更没有价值，还会让我们陷入与之为敌的痛苦。此外，我们要让隐形攻击者相信，我们的行为并不是为了报复他们，所以最好不要指责他们的行为"很奇怪"或"让人难以理解"。

我们在面对他们的愤怒时，要采取不批评的态度，这能够帮助他们明白一个事实，就是无论他们是否愤怒，我们都会接纳当下的他们。之后，我们可以在适当的条件下与他们当面对质，用我们的感受质问他们，让他们明确地知道自己的行为给我们带来了怎样的影响。我们要用那些不会让他们感觉自己受到威胁的方法，比如写信给他们，或者在他们最有可能听进去建议的时候指出那些让我们深感苦恼的行为。需要特别注意的是，我们针对的是他们的行为，而不是他们的人格。

保持距离

如果我们已经尝试用各种方法来遏制对方的隐形攻击行为，情况依然没有得到改善，那么我们也许应该认真地思考一下是否需要切断二人的联系，或者与其保持一定的距离，无论这个隐形攻击者是你的恋人、同事还是朋友。做出这样的决定或许很难，但勉强维持一段只会让人产生负面情绪的关系不仅毫无益处，还会让人备受煎熬。

► 第十三章　不是世界亏欠了
　　　　　你，而是你亏欠
　　　　　了自己

THIRTEEN

　　李洪波是一个说话直来直去的人，虽然作为成年人，说话耿直并不是什么值得骄傲的事，但他却从未觉得这有什么不妥。他还总认为自己很坦率，别人很虚伪。李洪波是家里的独生子，爷爷把他当宝贝一样地养大，使他养成了很多毛病，比如娇生惯养、自私又自恋等。

　　小时候，家里的条件并不是很好，即便如此，只要他说自己想吃什么，父母都会立刻买回来。但他对这些食物并不珍惜，吃饺子只吃馅儿，吃蛋糕只吃奶油，吃面包从不吃面包边儿……每当父母批评他时，爷爷都会立刻站出来阻拦，生怕自己的宝贝孙子受一丁点儿委屈。

　　在这种环境下长大的李洪波因为学习成绩很好，一路走来顺风顺水，从未品尝过挫折的滋味。到了大学时，他离开家庭开始过集体生活，不再有人无微不至地照顾他，不再有人容忍他的任性和刁蛮。这时，他感到事情似乎有那么一点不对劲。刚开始，宿舍里的同学对他挺好的。时间长了，舍友渐渐忍受不了他自以为是且独断专行的毛病。有一次，A同学在毕业设计里用代码写了一段指令，他看到后，自作聪明地说舍友的代码写得太复杂了，非要舍友照着自己的想法改。A同学强压下心中的怒火，听了李洪波的话对代码进行了调整。没想到，李洪波到处宣扬，自己为A同学的毕业设计做了非常大的贡献。辅导员听到了这话后，特意找到A同学，询问他的毕业设计是否独立完成的。这让A同学愤怒至极，但考虑到毕业在即，他没有和李洪波计较。

不久前，李洪波终于拿到了某知名大学的工商管理硕士学位，并且收到了某世界500强企业的入职通知书。进入职场后，他对这份工作满意得不得了，但他隐隐约约感觉部门同事对他的加入并不满意。这是他第一次意识到，自己好像并不受周围人的欢迎。

李洪波很委屈，在他看来，自己为了单位付出所有心力，有很多很好的想法想实施。他时不时地向主管提出能快速提高部门业绩的建议，还竭尽所能地帮助同事提升工作效率。每周的部门例会上，他总有说不完的想法，但并没有人愿意耐心地听他说完，主管总是打断他。于是他找机会见了董事长，并且提出自己有能力承担部门负责人的工作。他觉得如果自己走上管理岗，拥有一定的权限，同事们就会愿意听取他的建议。

但在同事眼中，李洪波是一个目中无人的人。作为职场新人，他自负地认为自己是正确的，并且尝试用各种方式干涉别人的工作，对别人擅长的事情指手画脚，甚至不着边际地点评同事的行为。在主管看来，李洪波能时时为公司着想，具有积极上进的工作态度。但李洪波总是提出一些天马行空且可行性很低的建议，搞得办公室里乌烟瘴气，同事们纷纷向主管抱怨李洪波的自以为是，李洪波自己也因为大家不接受他的建议而生气。这让主管很头疼，为了维护工作秩序，他不得不找到李洪波，说他如果不想被解雇，最好埋头工作，别再没事找事。

李洪波对此深感气愤，他觉得像自己这样一心为了公司的员工，理应得到更好的待遇。他坚定地认为自己的想法可以大幅提升公司的利润，因此尽管只是一名新员工，他也应该得到更高的工资。他惊讶于同事和主管对他的轻视，觉得甚至连董事长都不能慧眼识珠，没有人能看到他的无限潜力。

认知偏误：我是宇宙的核心

案例中的李洪波从小自命不凡，认为自己理应得到自己想要的东西。因此，当一直生活得顺风顺水的李洪波，没有如愿得到领导的青睐和同事的敬佩时，他觉得自己怀才不遇，觉得所有人都忽视了他的天赋和努力。这种想法让他在不知不觉中成了一个不讨人喜欢的人。

不知道你在生活中是否遇到过这样一种人？他们就像故事中的李洪波一样自命不凡，总认为自己应该得到自己想要的东西。如果你仔细观察，这类人通常具备以下特点。

- 他们相信自己的天赋是与生俱来的；
- 他们坚信自己注定是一个会获得成功的人；
- 他们认为每个人的价值取决于他们所拥有的物质财富；
- 他们总是喋喋不休地谈论不切实际的解决方法；
- 他们时刻将注意力集中在自己身上，并且觉得倾听别人的想法是一件浪费时间的事；
- 他们认为自己天赋异禀，因此，他们不需要付出多大的努力就可以获得别人拼了命也得不到的东西；
- 他们认为自己为别人付出了很多，别人给他们回报是一件天经地义的事。

在我们的生活中，这样的人有很多。有些人认为自己比别人既有天赋又肯努力，应该得到更多的回报；有些人则刚经历了一段悲惨的生活，认为自己应该得到别人的些许怜悯，获得补偿。无论他们经历了什么，这类人总是认为自己是宇宙的核心，全世界都应该围着他们转。当他们无法得到自己心仪的东西时，又会抱怨，觉得全世界都对不起自己。实际上，只凭借"我是××"，或者"我经历过××",甚至认为"我就是个例外",就可以不必付出必要的努力就能获得成功的想法,实属无稽之谈。

人们大都只看到别人身上的问题,却不反思自己的行为。不得不承认,很多人都会在某一刹那觉得自己对这个世界格外重要,但这个世界并没有给予他们一丝丝温暖和关怀。

坚信世界亏欠自己的想法并不能给我们带来任何好处,反而会让我们产生一种不平衡感。比如,一个童年时缺少父母关爱的人,长大后游走在众多异性中间,却不愿意与任何一个人建立长久且健康的亲密关系。他认为这个世界在他本应该享受父母关爱的年纪夺走了他获得爱的机会,所以成年后的他通过不断索取异性的爱意来弥补心理上的缺失。

认为"这个世界亏欠了我"的弊端

当我们一意孤行地认为"这个世界对我有所亏欠"时,我们的关注点就会集中在自己应得却得不到的东西上，却无法进行自我反思。其他人之所以得到了，也许是因为其他人比我们付出了更多的努力，又或者有其他我们不知道的原因。"这个世界亏欠我"的想法让我们变得非常功利，只考虑做这件事值不值得，当我们过分介意自己应得的东西时，会对周围的人产生强烈的不满情绪，从而引发人际关系方面的问题。

认为"这个世界亏欠了我"会让我们变得自以为是。我们也许会单方面地要求别人为我们付出真心的关怀，自己却不付出相应的爱与真诚，这种不切实际的想法只会让周围的人躲得远远的。当我们把注意力过度地集中在自己身上时，就很难替别人着想，很难共情。如果我们脑子里想的都是"这样的东西本该属于我"时，愤愤不平的我们又怎么会用心对待别人，把自己美好的东西留给别人？如此一来，我们将无法体会付出的快乐，也很难拥有交心的朋友。

认为"这个世界亏欠了我"会让我们产生一种受害者心态，并且整日沉浸在悲伤、痛苦和愤怒之中。我们无暇享受自己已经拥有的东西，当我们一味将注意力集中在已经失去的东西上时，反而无法用心享受当下的美好。

如何化解"这个世界亏欠了我"的想法

用积极的心态看待世界

"积极心理学之父"马丁·塞利格曼（Martin Seligman）在《持续的幸福》（*Flourish*）一书中提出了"幸福 2.0"理论。该理论认为，幸福（Well-being）＝积极情绪（Positive emotion）＋投入（Engagement）＋人际关系（Relationship）＋意义（Meaning）＋成就（Accomplishment），这个理论也被称为"PERMA 模型"。

P 代表积极情绪，是指我们体会到的积极的情绪。

E 代表投入，是指我们心无旁骛地沉浸在某种活动之中，忘记了时间，也忘记了自我。投入的概念与心理学家米哈里·契克森米哈赖提出的心流（Flow）类似。

R 代表人际关系，是指我们与他人之间的关系。

M 代表意义，是指我们所追寻的有意义的人生。

A 代表成就，是指我们成功地完成了某种事业。这里既包含工作和生活中的小成绩，也包括终极的人生成就，成就的概念与心理学家马斯洛提出的自我实现类似。

PERMA 模型中的 5 个元素既互相独立，又互相成就。幸福并不是靠任何一个元素就能达成的，但每个元素都在为我们获得幸福贡献力量。当我们能够用积极的心态看待世界时，就不会总想着"这个世界亏欠了我"。

接下来，就请从回忆里找到一件让你倍感幸福的事情，然后根据 PERMA 模型来分析这件事为何让你感到幸福。填好后，用手机把这张表拍下来，随时用于提醒自己幸福人生是如何一步一步被实现的（见表 13-1）。

表 13-1　人生意义 PERMA 卡

P 积极情绪	做了什么事让你产生了积极的情绪：
E 投入	这件事对你来说有何挑战：
R 人际关系	在做事的过程中，产生了哪些积极的人际关系：
M 意义	有哪些超越这件事本身的意义：
A 成就	获得了哪些成就：

对"这个世界亏欠了我"的想法保持警觉

即使我们对自己所拥有的东西感到不满，对自己的生活环境感到失望，也并不意味着这个世界亏欠了我们。

俗话说"人生在世，不如意之事十有八九"，没有哪个人的生活是一帆风顺的。

如果我们的心中产生了"世界待我不公"的想法，那么我们需要给自己提个醒。与此同时，我们还要关注自己是否有以下潜在的想法。

- 获得巨大的成就是我与生俱来的使命；
- 这些愚蠢的规则根本不是为我制定的；
- 我的价值远远大于别人所认为的；
- 我完全有理由认为自己应该得到更多更好的东西。

当这些理所当然的想法悄然出现在我们的脑海中时，请轻声提醒自己，切断自动化反应，重新看待自我。

做一个优秀的合作者

当觉察周围人的评价时，我们才能意识到自己的想法有多么荒唐。当我们能够设身处地地替别人着想时，当我们能够发自内心地尊重别人时，我们就能把自己的精力从个人得失上移开，从而成为一个优秀的合作者，通过获得高质量的人际关系填补内心的缺失感。

我们不必过分在意自己对其他人的重要性，而应把视线聚焦在自己的努力和个人的成长上。我们不要抱怨为什么坏事总是降临在自己头上，而是要学会转换思想，想想这件事教会了我们什么。每个人都有缺点。承认自己的不足，可以帮助我们用更客观的眼光看待自己，同时，请不要把自己的缺点归咎于上天的不公。

当我们停止对世界不停地索取，并且对自己所拥有的事物感到心满意足时，我们就能拥有更强大的力量来接纳世界给予我们的一切。

后记

　　不知道从何时开始，我们的人生仿佛被按下了加速按钮，好像只要我们稍稍停下脚步、看看沿途的风景，就会错过时代的末班车。

　　有些人的人生旋律中带着一点"急切"，他们就连在休息日追剧都要开二倍速，他们的身体里似乎有一个闹钟一直在滴答作响；有些人的人生旋律中带着一点"担心"，他们时常躺在床上辗转反侧，担心自己想要的得不到，担心自己拥有的会消失；有些人的人生旋律中带着一点"不甘"，他们在感情中痛苦不已却不肯放手，只是因为不甘心自己的心意付诸东流；还有些人的人生旋律中带着一点"放不下"，他们放不下工作，也无法真正做自己。

　　我们眼睁睁地看着自己人生的"进度条"一点点被推进，却始终等不来那个改变我们命运的转折点。我们面对着内心排山倒海的孤独苦不堪言，却也对外面铺天盖地的热闹表示无福消受。我们一边在乎自己的感受，一边介意别人的眼光。于是，撕裂的我们既对现实感到无可奈何，又对未来感到无所适从。

但是，成年人的世界，从来没有"容易"二字。谁的人生不是栉风沐雨？谁的人生不是斩棘前行？所以，不要害怕劳而无功，不要害怕得不偿失，你在三四月里付出的心血，终会在九十月里收获结果。

我们要知道，电影里的故事，所谓真实的情节其实也是假的，只有观众是真的；而我们人生里的故事，所谓离谱的情节都是真的，只有观众是假的。所以，我们真正该害怕的是被他人的想法所裹挟，从而沉迷于互相攀比，沉醉于愤世嫉俗，不再学习、不再思考。不负责任的快乐其实很短暂，真正能让我们生存下来的是自己的能力，躺平不可能为我们提供生命的意义，努力生活却可以。

我们的内心并不是要么"强大"，要么"脆弱"的，每个人都在一定意义上拥有内心的力量，并且这种力量总会有提升的空间。为了培养一颗强大的内心，我们需要从以下三个方面入手。

- 想法：分辨自己的想法是否真实；

- 情绪：做自己情绪的主人，不让情绪支配自己；

- 行为：尽量在任何情境下，都保持乐观的态度，积极行动起来。

想要拥有"没什么大不了"的豁达态度，光靠空想可不行。这就像运动员无法在读完运动学图书后就能在赛场上脱颖而出、成为冠军；钢琴家也无法仅靠观看大师的表演就获得水平的提升。同样，如果我们想保持一颗强大的内心，也需要努力将想法付诸实践，不断学习与自己的情绪和谐共处的方法，争取拥有乐观主义者的思考方式，用行动解决问题（见图Ⅰ）。

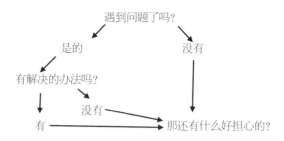

图Ⅰ　如何拥有"没什么大不了"的豁达态度

所谓乐观主义者的思考方式，也就是说，当我们遇到一个问题时，可以想一想它有没有解决办法。如果有办法解决，那我们还有什么好担心的？如果没有，与其把精力浪费在担心上，还不如把问题放下，好好享受自己的生活。如果我们没有遇到问题，那就更没有什么可担心的了。

面对只有一次的人生，我们要拿出自己的干劲来啊！

［1］Andrews P W,Thomson J A.The bright side of being blue：depression as an adaptation for analyzing complex problems ［J］. *Psychological Review*, 2009,116（3）：620-654.

［2］Azoulaya R, Bergerb U, Kesheta H. Social anxiety and the interpretation of morphed facial expressions following exclusion and inclusion [J]. *Journal of behavior therapy and experimental psychiatry*,2019,66:101-511.

［3］Bandura A, Ross D, Ross S A. Transmission of aggressions through imitation of aggressive models [J]. *Journal of Abnormal and Social Psychology*, 1961, 63: 575-582.

［4］Martin, Brüne. The evolutionary psychology of obsessive-compulsive disorder:[J]. *Perspectives in biology &*

medicine,2006,49: 317-329.

[5] Krusemark E A, Wen L. Enhanced olfactory sensory perception of threat in anxiety: An event-Related fMRI study [J]. *Chemosensory perception*,2012, 5(1)37–45.

[6] Forgas J P, Goldenberg L, Unkelbach C. Can bad weather improve your memory? An unobtrusive field study of natural mood effects on real-life memory [J]. *Journal of experimental social psychology*,2009,45: 254-257.

[7] Goldin P, Gross J.. The neural bases of emotion regulation: Reappraisal and suppression of negative emotion [J]. *Biological psychiatry*, 2008, 63(6): 577-586.

[8] Sidman M. Avoidance conditioning with brief shock and no exteroceptive warning signal [J]. *Science*,1953,118: 15 7-158.

[9] Kelly G Wilson, Emily K Sandoz. The valued living questionnaire: defining and measuring valued action within a behavioral framework [J]. *The psychological record*, 2010,

60: 249-272.

［10］Watson J B,Yerkes R M. The dancing mouse: A study in animal behaviour [J]. *The American naturalist*, 1907,41.

［11］阿尔弗雷德·阿德勒. 走出孤独：阿德勒孤独十五讲 [M]. 胡慎之，译. 北京：天地出版社，2019.

［12］布琳·布朗. 脆弱的力量 [M]. 覃薇薇，译. 杭州：浙江人民出版社，2014.

［13］丹尼尔·韦格纳. 白熊实验：如何战胜强迫性思维 [M]. 武丽侠，王润晨曦，陈颖，译. 北京：人民邮电出版社，2018.

［14］莉莎·费德曼·巴瑞特. 情绪 [M]. 周芳芳，黄扬名，译. 北京：中信出版集团，2019.

［15］罗伯特·莱希. 为什么嫉妒使你面目全非 [M]. 朱倩倩，译. 杭州：浙江大学出版社，2018.

［16］米哈里·契克森米哈赖. 心流：最优体验心理学 [M]. 张定绮，译. 北京：中信出版社，2017.

［17］斯科特·韦茨勒. 警惕你身边的隐形攻击者 [M]. 赵晓瑞，译 . 北京：中信出版集团，2020.

［18］伊尔斯·桑德 . 高敏感是种天赋：肯定自己的独特，感受更多、想象更多、创造更多 [M]. 李红霞，译 . 北京：北京联合出版公司，2017.

［19］于玲娜 . 我抑郁了吗：抑郁者自救指南 [M]. 北京：中国法制出版社，2021.